"十二五"国家重点图书出版规划项目

第一次全国水利普查成果丛书

地下水取水井基本情况普查报告

《第一次全国水利普查成果丛书》编委会　编

中国水利水电出版社
www.waterpub.com.cn

·北京·

内 容 提 要

本书系《第一次全国水利普查成果丛书》之一，系统全面地介绍了第一次全国水利普查地下水取水井专项普查的方法与主要成果，包括普查任务与技术方法，我国地下水取水井及开采量、地下水水源地及供水量、地下水开发利用情况等内容。

本书内容及数据权威、准确、客观，可供水利、农业、国土资源、环境、气象、交通等行业从事规划设计、建设管理、科研生产的各级政府人士、专家、学者和技术人员阅读使用，也可供相关专业大专院校师生及其他社会公众参考使用。

图书在版编目（ＣＩＰ）数据

地下水取水井基本情况普查报告 / 《第一次全国水利普查成果丛书》编委会编. -- 北京 ： 中国水利水电出版社，2017.1
（第一次全国水利普查成果丛书）
ISBN 978-7-5170-4635-6

Ⅰ．①地… Ⅱ．①第… Ⅲ．①地下水－水利调查－调查报告－中国 Ⅳ．①TV211.1

中国版本图书馆CIP数据核字(2016)第200443号

审图号：GS（2016）2553 号
地图制作：国信司南（北京）地理信息技术有限公司
国家基础地理信息中心

书　　名	第一次全国水利普查成果丛书 **地下水取水井基本情况普查报告** DIXIASHUI QUSHUIJING JIBEN QINGKUANG PUCHA BAOGAO
作　　者	《第一次全国水利普查成果丛书》编委会　编
出版发行	中国水利水电出版社 （北京市海淀区玉渊潭南路1号D座　100038） 网址：www. waterpub. com. cn E - mail：sales@waterpub. com. cn 电话：(010) 68367658（营销中心）
经　　售	北京科水图书销售中心（零售） 电话：(010) 88383994、63202643、68545874 全国各地新华书店和相关出版物销售网点
排　　版	中国水利水电出版社微机排版中心
印　　刷	北京博图彩色印刷有限公司
规　　格	184mm×260mm　16 开本　14.5 印张　268 千字
版　　次	2017 年 1 月第 1 版　2017 年 1 月第 1 次印刷
印　　数	0001—2300 册
定　　价	**90.00 元**

本书编委会

主　　编　李原园

副 主 编　黄火键　　汪学全　　陈　民

编写人员　孙天青　　张育德　　白　洁　　魏　辰
　　　　　侯　杰　　郭亚梅　　刘武军　　郑贺新
　　　　　田水娥　　冯宇鹏　　韩璞璞　　李　婕
　　　　　陈宝中　　吕红波　　张海涛　　张　岚
　　　　　徐　震　　于丽丽　　任双立

前 言

遵照《国务院关于开展第一次全国水利普查的通知》（国发〔2010〕4号）的要求，2010—2012年我国开展了第一次全国水利普查（以下简称"普查"）。普查的标准时点为2011年12月31日，时期资料为2011年度；普查的对象是我国境内（未含香港特别行政区、澳门特别行政区和台湾省）所有河流湖泊、水利工程、水利机构以及重点社会经济取用水户。

第一次全国水利普查是一项重大的国情国力调查，是国家资源环境调查的重要组成部分。普查基于最新的国家基础测绘信息和遥感影像数据，综合运用社会经济调查和资源环境调查的先进技术与方法，系统开展了水利领域的各项具体工作，全面查清了我国河湖水系和水土流失的基本情况，查明了水利基础设施的数量、规模和行业能力状况，摸清了我国水资源开发、利用、治理、保护等方面的情况，掌握了水利行业能力建设的状况，形成了基于空间地理信息系统、客观反映我国水情特点、全面系统描述我国水治理状况的国家基础水信息平台。通过普查，摸清了我国水利家底，填补了重大国情国力信息空白，完善了国家资源环境和基础设施等方面的基础信息体系。普查成果为客观评价我国水情及其演变形势，准确判断水利发展状况，科学分析江河湖泊开发治理和保护状况，客观评价我国的水问题，深入研究我国水安全保障程度等提供了翔实、全面、系统的资料，为社会各界了解我国基本水情特点提供了丰富的信息，为完善治水方略、全面谋划水利改革发展、科学制定国民经济和社会发展规划、推进生态文明建设等工作提供了科学可靠的决策依据。

为实现普查成果共享，更好地方便全社会查阅、使用和应用普查成果，水利部、国家统计局组织编制了《第一次全国水利普查成果丛书》。本套丛书包括《全国水利普查综合报告》《河湖基本情况普查报告》《水利工程基本情况普查报告》《经济社会用水情况调查报告》《河湖开发治理保护情况普查报告》《水土保持情况普查报告》《水利行业能力情况普查报告》《灌区基本情况普查报告》《地下水取水井基本情况普查报告》和《全国水利普查数据汇编》，共10册。

本书是《第一次全国水利普查成果丛书》之一，是对第一次全国水利普查地下水取水井专项普查主要成果的系统提炼与综合分析。全书共分五章：第一章为概述，主要介绍本次地下水取水井普查的目标与任务、主要普查内容、技术路线与方法等；第二章为地下水取水井情况，主要介绍我国各类取水井的数量及其分布情况，重点介绍规模以上机电井情况；第三章为地下水开发利用情况，主要介绍我国地下水开采量及分布情况，综合分析评价我国地下水开发利用情况；第四章为地下水水源地情况，主要介绍我国地下水水源地的数量、取水量及分布情况，地下水水源地保护与管理情况；第五章为重点地区地下水开发利用情况，主要介绍我国地下水开发重点地区、地下水超采区以及国家主体功能区地下水取水井和地下水开发利用情况。本书所使用的计量单位，主要采用国际单位制单位和我国法定计量单位，小部分沿用水利统计惯用单位。部分因单位取舍不同而产生的数据合计数或相对数计算误差未进行机械调整。

本书在编写过程中得到了许多专家和普查人员的指导与帮助，在此表示衷心的感谢！由于作者水平有限，书中难免存在疏漏，敬请批评指正。

编者

2015 年 10 月

目 录

第一章 概　述

地下水取水井专项普查是第一次全国水利普查专项之一，普查对象包括中华人民共和国境内（未含香港、澳门特别行政区和台湾省，下同）的地下水取水井、地下水水源地两类工程。本章主要介绍地下水取水井专项普查的目标与任务、普查对象与内容、普查组织与方法，以及普查的主要成果等。

第一节　普查目标与任务

地下水取水井专项普查的工作目标是查清我国境内的地下水取水井和地下水水源地基本情况，为建立地下水基础信息平台，强化地下水资源监督与管理，合理开发、有效利用、积极保护地下水资源奠定基础。

普查任务主要包含两个方面：一是查清全国地下水取水井的数量与分布、2011年取水量及取水用途、取水井的基本管理状况等信息，掌握现状地下水取水井的布局情况、工程状况及取用水情况；二是查清全国地下水水源地的数量与分布、水源地规模与取用水状况、水源地管理与保护情况等信息。

第二节　普查对象与内容

一、普查对象

地下水取水井专项普查对象为中华人民共和国境内未报废的地下水取水井、未废弃的且日取水量 $5000m^3$ 及以上的地下水水源地（简称"规模以上地下水水源地"）。

地下水取水井按动力设备情况分为机电井和人力井两类。机电井是指以电动机、柴油机等动力机械带动水泵抽取地下水的水井，按取水用途分为以下两类：一是灌溉机电井，指灌溉农田（含水田、水浇地和菜田）、林果地、草场以及为鱼塘补水的机电井；二是供水机电井，指向城乡生活和工业供水的机电井，如自来水供水企业的水源井、村镇集中供水工程的水源井、单位自备井及居民家用水井等。典型机电井型式见图1-2-1。

图 1-2-1　典型机电井型式

人力井是指以人力或畜力提取地下水的水井，如手压井、辘轳井等。典型人力井型式见图 1-2-2。

图 1-2-2　典型人力井型式

地下水水源地是指向城乡生活或工业供水的地下水集中开采区，如自来水供水企业的水源地、村镇集中供水工程的水源地、单位自备水源地等。典型地下水水源地布置见图 1-2-3。

本次普查规定傍河取水的水井、有供水任务（含灌溉，下同）的自流井列入本专项普查范围，其中自流井按机电井进行普查。辐射井井数以其集水井的井数进行统计。

下列 4 种情形的水井不列入本次地下水取水井专项普查范围。

（1）根据凿井目的，水井一般可分为取水井、排水井、回灌井、观测井 4 类。本次只普查取水井，排水井（如矿区疏排水井、工程降水井等）、专用回灌井、专用观测井不列入普查范围。

（2）地下水地源热泵系统水井又称热源井，包括抽水井和回灌井。鉴于从抽水井抽取的地下水经冷量或热量置换后需通过回灌井回灌地下，其耗水量相

图 1－2－3 典型地下水水源地布置

对较小，故地下水地源热泵系统水井不列入普查范围。

（3）地下水截潜流工程（包括坎儿井、截流坝等）不列入本次地下水取水井专项普查范围。

（4）非凿井形式的泉水利用工程不列入本次地下水取水井专项普查范围。

二、普查方式

对井口井管内径 200mm 及以上的灌溉机电井、日取水量 20m³ 及以上的供水机电井（以下简称"规模以上机电井"），逐井进行实地调查并填报清查表和普查表。

对井口井管内径 200mm 以下的灌溉机电井、日取水量 20m³ 以下的供水机电井（以下简称"规模以下机电井"）和人力井，在逐井实地调查的基础上以村级行政区为单元填报清查表和普查表。

对规模以上地下水水源地逐个进行详细普查，并填报清查表和普查表。

三、普查内容

规模以上机电井。主要普查规模以上机电井的详细位置、成井时间、井深、地下水埋深、井口井管内径、井壁管材料、应用状况、机电设备配套情况、水量计量设施安装情况、地下水类型、所在区域等基本情况，取水用途、实际供水人口、实际灌溉面积、2011 年取水量等取水情况，以及取水许可证及采矿许可证办理情况、管理单位名称及隶属关系等管理情况。

规模以下机电井和人力井。主要以村为单位，普查规模以下机电井和人力井数量、实际供水人口、实际灌溉面积、2011年取水量等。

规模以上地下水水源地。主要普查水源地的名称、位置、投入运行时间、规模以上机电井井数、应用状况、所在区域情况等基本情况，水源类型、主要取水用途、多年平均年可开采量、设计年取水量、2011年取水量等取水情况，水源地保护及管理情况。地下水取水井专项普查按照各类普查对象的普查方式与内容共设置3类普查表，普查对象、方式与内容见表1-2-1。

表1-2-1　　　　　　　　普查对象、方式与内容

表号	普查对象	普查方式	内　容　指　标
P801	规模以上机电井	逐井普查一井一表	共普查21项指标：位置、井深、地下水埋深、水量计量设施安装等基本情况；水源类型、取水用途、取水量等取水情况；取水许可证办理等管理情况
P802	规模以下机电井及人力井	逐井普查一村一表	共普查6项指标：村级行政区基本情况、井数、供水人口、灌溉面积、取水量等
P803	规模以上地下水水源地	逐个普查一水源地一表	共普查18项指标：名称、位置、应用状况等基本情况；水源类型、取水用途、取水量、水质类别等取水情况；保护区划分、取水许可证办理等管理情况

四、概念与口径界定

为了按照统一规范的要求进行普查，对地下水井普查相关的概念与口径进行了规定。

1. 浅层地下水与深层承压水

本次普查根据地下水补给更新条件和水文地质特征，将地下水划分为浅层地下水和深层承压水两类。浅层地下水是指与当地大气降水和地表水体有直接水力联系的潜水以及与潜水有密切水力联系的承压水。深层承压水是指埋藏相对较深、与当地大气降水和地表水体没有密切水力联系而难于补给的承压水。

2. 地下水质量标准

本次普查地下水质量标准采用国标《地下水质量标准》（GB/T 14848—93），依据我国地下水水质现状、人体健康基准值及地下水质量保护目标，并参照了生活饮用水、工业、农业用水水质要求，将地下水质量分为5类。

Ⅰ类主要反映地下水化学组分的天然低背景含量。适用于各种用途。

Ⅱ类主要反映地下水化学组分的天然背景含量。适用于各种用途。

Ⅲ类以人体健康基准值为依据。主要适用于集中式生活饮用水水源及工、农业用水。

Ⅳ类以农业和工业用水要求为依据。除适用于农业和部分工业用水外，适当处理后可做生活饮用水。

Ⅴ类不宜饮用，其他用水可根据使用目的选用。

3. 地貌类型区

本次普查对地貌类型区的划分，采用第二次全国水资源调查评价关于地下水资源评价类型区成果，即分为山丘区和平原区两类，其中山丘区包括一般山丘区和岩溶山区，平原区包括一般平原区、山间平原区（包括山间盆地平原区、山间河谷平原区和黄土高原台塬区）、内陆盆地平原区和沙漠区。

4. 城乡范围划分

本次普查按照国家统计局《统计上划分城乡的规定》（国务院于 2008 年 7 月 12 日以国函〔2008〕60 号批复）进行城乡统计。城镇是指在我国市镇建制和行政区划的基础上划定的区域，城镇包括城区和镇区。城区是指在市辖区和不设区的市中划定的区域。城区包括：①街道办事处所辖的居民委员会地域；②城市公共设施、居住设施等连接到的其他居民委员会地域和村民委员会地域。镇区是指在城区以外的镇和其他区域中划定的区域。镇区包括：①镇所辖的居民委员会地域；②镇的公共设施、居住设施等连接到的村民委员会地域；③常住人口在 3000 人以上独立的工矿区、开发区、科研单位、大专院校、农场、林场等特殊区域。乡村是指城镇以外的其他区域。

5. 地下水水源地规模

本次普查对水源地的规模划分标准，依据《供水水文地质勘察规范》（GB 50027—2001）和《饮用水水源保护区划分技术规范》（HJ/T 338—2007），结合地下水水源地的实际情况按如下标准划分为特大型、大型、中型、小型 4 个规模等级。①特大型：日取水量≥15 万 m³；②大型：5 万 m³≤日取水量<15 万 m³；③中型：1 万 m³≤日取水量<5 万 m³；④小型：0.5 万 m³≤日取水量<1 万 m³。

五、普查基础

为了按照统一的工作基础开展地下水取水井专项普查，对地下水取水井普查工作过程中所需要的基础信息进行了规范性预处理，主要包括制定统一的工作底图和工作表，分析提取统一规范的地下水相关基础背景数据。

1. 制定统一的工作底图和工作表

由于本次普查中涉及许多地下水相关的专业技术信息调查，为能够客观真实反映地下水取水井及水源地的地下水专业技术信息，且便于基层普查单位操作，形成规范统一的地下水井及开发利用信息，对本次普查表中涉及的"所在地貌类型区""所取用地下水的类型""所在水资源三级区名称及编码"等调查信息，由省级普查机构依据以往有关成果在统一下发的1∶5万电子地图上绘制地貌类型区、深层承压水开采分布区等基础信息，形成统一的工作底图，并统一制作含有各村级行政区所在地貌类型区、所取用地下水的类型、所在水资源三级区名称及编码等信息的工作表下发至县级普查机构，县级普查机构经调查分析复核后，提供给普查表填写单位使用。

2. 统一规范的普查基础背景数据

由于地下水取水井普查专业性较强，以往有关资料及成果较为零散，为了较好地利用已有的资料成果审核、检验普查数据的合理性，对本次普查涉及的基础背景数据进行了统一整理分析。地下水相关基础背景数据包括第二次全国水资源调查评价阶段的多年平均地下水资源量、地下水可开采量，各级水利统计年鉴发布的机电井数量及取水量，各级水资源公报发布的地下水开采量，以及各级统计部门公布的人口、灌溉面积等社会经济指标。

第三节　普查组织与方法

一、普查组织实施

地下水取水井专项普查是在第一次全国水利普查领导小组及办公室的统一组织领导下，通过国家、流域、省、地、县等5级水利普查机构的努力共同完成。普查工作历时3年，主要经历了前期准备、清查登记、填表上报和成果发布4个阶段。

前期准备：主要包括对地下水取水井和地下水水源地相关情况进行摸底调查、设计普查方案、选取全国56个试点县开展试点工作，完善地下水取水井专项的普查指标和普查表式，编制普查实施方案和相关技术细则等。

清查登记：主要包括开展地下水取水井和地下水水源地两类对象的清查，建立地下水取用水量等普查动态指标的台账，收集整理分析基础背景数据，统一制作工作底图和工作表，全面获取普查数据等各项工作。

填表上报：在对各地地下水取水井和地下水水源地普查进行督导检查、技术指导等工作基础上，各级普查机构组织普查人员和技术支撑单位对普查数据进行逐级审核、汇总、分析，并按法定程序进行普查数据修改完善，数据质量满足要求后逐级上报上级普查机构，最终形成全国地下水取水井专项普查数据库。

成果发布：主要是开展地下水取水井专项普查数据的汇总协调平衡、普查成果逐级抽查验收、普查资料分析整理汇编、普查数据管理和空间数据库建设、普查成果验收和发布等工作。

二、普查单元与分区

本次地下水取水井专项普查以县级行政区为组织工作单元，按"在地原则"，由县级水利普查机构组织开展对象清查及普查工作。并根据对地下水取水井和水源地的普查要求和县域内清查对象的特点、数量及分布情况确定普查的最小分区。对于地下水取水井，一般以村级行政区套地貌类型区和水资源三级区为最小分区进行普查；对于地下水水源地，一般由县级普查机构组织，以水源地所在的乡（镇）套地貌类型区和水资源三级区为最小分区进行普查，对于跨界的地下水水源地，由管理单位所在的县级普查机构负责组织管理单位填报。

三、总体技术路线

地下水取水井专项普查总体技术路线为通过档案查阅、实地访问、现场查勘、典型调查、计量推算、综合分析等方法，首先按照"在地原则"，以县级行政区为组织工作单元，对普查对象进行清查登记，编制普查对象名录，确定普查表的填报单位；其次组织填表单位获取普查数据，并填报普查表；然后逐级进行普查数据审核、汇总、平衡、上报，形成全国地下水取水井专项普查成果。对规模以上机电井、规模以上地下水水源地进行详细调查，进行用水计量，普查数据获取后，逐对象填报清查表与普查表；对规模以下机电井及人力井进行简单调查，打捆填报清查表与普查表。地下水取水井专项普查总体技术路线见图 1-3-1。

四、主要技术方法

（一）对象清查

对象清查重点是对地下水取水井和地下水水源地进行全面的清查登记，摸清其数量、分布、规模以及管理单位等基本信息，目的是建立各类普查对象的基础名录，确定填报方式，保证普查对象不重不漏。

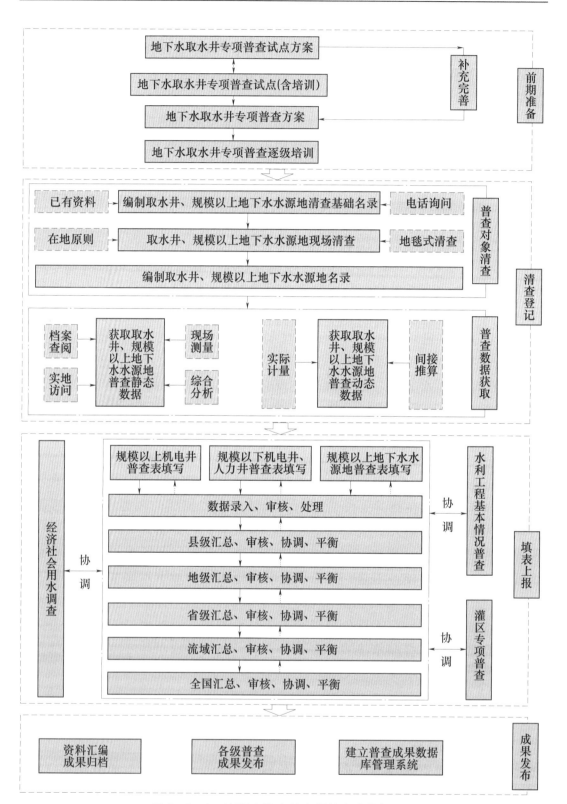

图 1-3-1 地下水取水井专项普查流程框图

首先，查阅已有资料形成清查对象初步名录，然后按"在地原则"进行"地毯式"现场清查，全面查清取水井和规模以上地下水水源地的数量与分布，同时填写普查对象清查表，逐级汇总形成完整的普查对象基础名录。取水井对象清查的基本单元为村级行政区，规模以上地下水水源地按县级行政区组织，以水源地所在的乡（镇）为单元进行清查。

（二）填表上报

以"在地原则"为主，由县级普查机构组织普查对象管理单位，对规模以上机电井、规模以上地下水水源地逐个调查，按照数据获取方法及填表说明填写普查表中的各项指标，对规模以下机电井及人力井，以村为单元对普查数据进行获取和打捆填报普查表，并以县级行政区为汇总单元进行数据汇总与审核。县级普查机构将审核验收后的普查表及汇总成果报上一级普查机构，审核验收后再上报上一级普查机构，最终形成全国地下水取水井专项普查成果。

（三）数据采集

依据普查对象名录，按照"谁管理，谁采集，谁填表"的原则，由普查对象的管理单位进行数据采集并填写普查表。

本次普查数据包括静态指标和动态指标两类，其中动态指标为2011年取水量，其他均为静态指标。总体来讲，静态指标具有数量多、易于获取的特点，而动态指标则具有数量少、难于获取的特点。

1. 静态数据

静态指标一般采取内业与外业相结合的方式进行采集，如档案查阅、实地访问、现场测量、综合分析等。

档案查阅主要是指查阅取水井及规模以上地下水水源地的设计文件、验收报告、取水许可证及区域地下水埋深等值线图等。

实地访问主要是指实地了解规模以上机电井的成井时间、井壁管材料、机电设备配套情况、水量计量设施安装情况等。

现场测量主要是指实地测量规模以上机电井的井口井管内径、井深、地下水埋深以及规模以上地下水水源地机电井的地理坐标等。

综合分析主要是指分析、判断取水井及规模以上地下水水源地的主要取水用途等。

2. 动态数据

2011年取水量采集主要包括直接计量、间接计量、调查推算3种方法，其中规模以上机电井采用直接计量或间接计量的方法，规模以下机电井及人力井一般采用调查推算法，具体方法如下。

（1）直接计量。对于安装了水表、流速仪及堰槽等水量计量设施的规模以上机电井，逐井直接计量 2011 年全年取水量。

1）水表法。根据年末与年初水表读数差确定年取水量。

2）流速仪法。年取水量计算公式一般为

年取水量＝0.36×年累计取水时间×过水断面面积×平均流速

式中：年取水量单位为万 m^3；年累计取水时间单位为 h，过水断面面积单位为 m^2；平均流速单位为 m/s。

3）堰槽法。根据年累计取水时间与流量确定年取水量。其中，流量换算结果根据堰槽的类型、尺寸、角度及泄流平均水深，按照《堰槽测流规范》（SL 24—91）给出的计算公式或关系图表确定。

一般情况下，测定流量的堰槽包括三角缺口薄壁堰（见图 1-3-2）、矩形缺口薄壁堰（见图 1-3-3）、梯形薄壁堰、平坦"V"形堰、三角剖面堰、矩形宽顶堰、圆头平定堰和巴歇尔槽等。实际计算中，视具体情况而定。

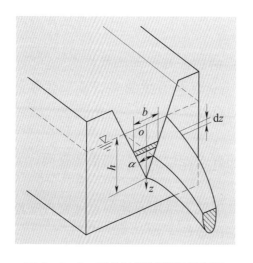

图 1-3-2　三角缺口薄壁堰示意图

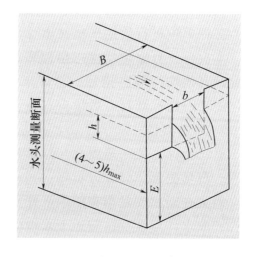

图 1-3-3　矩形缺口薄壁堰示意图

（2）间接计量。对于未安装水量计量设施的规模以上机电井，逐井记录全年耗电量（或耗油量、开泵时数），乘以率定的单位耗电量的取水量（或单位耗油量的取水量、水泵单位时间出水量）计算年取水量。

1）耗电量法。对以电动机带动水泵取水且已安装电表的机电井，可采用耗电量法推算年取水量，计算公式为

年取水量＝单位耗电量的取水量×年耗电量÷10^4

式中：年取水量为单井年取水量，万 m^3；单位耗电量的取水量由县级普查机构根据已有成果或典型调查结果并经平衡分析校验后综合确定，$m^3/(kW\cdot$

h）；年耗电量为用于本机电井取水的年耗电量，kW·h。

2）耗油量法。对以柴油机等内燃机带动水泵取水的机电井，可采用耗油量法推算年取水量，计算公式为

$$年取水量＝单位耗油量的取水量×年耗油量÷10^4$$

式中：年取水量为单井年取水量，万 m^3；单位耗油量的取水量由县级普查机构根据已有成果或典型调查结果并经平衡分析校验后综合确定，m^3/L；年耗油量为用于本机电井取水的年耗油量，L。

3）出水量法。对于未安装电表、无耗油量记录的机电井还可采用出水量法推算年取水量，计算公式为

$$年取水量＝水泵单位时间出水量×年开泵小时数÷10^4$$

或

$$年取水量＝水泵单位时间出水量×年耗电量÷电动机实际输出功率÷10^4$$

式中：年取水量为单井年取水量，万 m^3；水泵单位时间出水量由县级普查机构根据已有成果（如水泵特性曲线等）或典型调查结果综合确定，m^3/h；年开泵小时数为单井全年累计开泵小时数（水泵运行时间），h；年耗电量为用于本机电井取水的年耗电量，kW·h；电动机实际输出功率为可近似采用水泵铭牌上的额定功率，kW。

4）参数的确定方法。间接推算年取水量时所用的单位耗电量的取水量、单位耗油量的取水量、水泵单位时间出水量等参数，与水泵型号、地下水埋深等有关，由县级普查机构根据已有资料整理形成，或由县级普查机构选取典型井进行参数测定，然后整理形成不同水泵型号、不同地下水埋深（或扬程）的参数表，供普查时参考使用。

典型井的选择一般应遵循如下原则。

a. 典型井数量要求。对水泵型号可查的典型井，每一乡级普查区，每一型号水泵的典型井一般不少于 2 眼，对水泵型号不可查的典型井，每一乡级普查区，灌溉机电井、供水机电井一般分别不少于 2 眼。

b. 典型井代表性要求。典型井应具有较好的代表性，其供水对象、成井时间、出水管口径等应能较好地代表区域内取水井的特性，以提高测定参数的代表性和推算取水量的精度。

c. 典型井参数易于测量要求。典型井应已安装水量计量设施，或加装水量计量设施，或具备简易测量取水量条件，以便测定参数。

（3）调查推算。对规模以下机电井及人力井，一般通过定额法或典型调查法推算其年取水量，对于具备条件的规模以下机电井可采用直接计量或间接计量的方法获取年取水量。

1）规模以下灌溉机电井，定额法计算公式为

$$农业灌溉年取水量＝综合灌溉定额×实际灌溉面积÷10^4$$

式中：综合灌溉定额由县级普查机构根据经济社会用水调查中的典型调查结果、所在省（自治区、直辖市）颁布的用水定额、相关技术标准等成果并结合当地具体情况综合确定，$m^3/亩$；实际灌溉面积为村级行政区内井口井管内径小于 200mm 灌溉机电井全年实际灌溉面积总数，采用实际调查数据，亩；农业灌溉年取水量为当地下水为农业灌溉的单一水源时，地下水取水量一般可直接采用上述计算成果，当多水源灌溉时，上述计算成果一般为各种水源的总供水量，各地应根据实际情况将其修正为地下水取水量，万 m^3。

2）规模以下供水机电井。以城乡生活供水为主的供水井定额法计算公式为

$$城镇生活年取水量＝城镇生活用水定额×城镇实际供水人口×365（d）÷10^7$$

$$乡村生活年取水量＝（乡村居民生活用水定额×乡村实际供水人口＋$$
$$牲畜用水定额×牲畜数量）×365（d）÷10^7$$

式中：城镇、乡村生活用水定额由县级普查机构根据所在地（村、乡）实际用水定额和调查访问情况、经济社会用水调查中的典型调查结果综合确定，其中城镇生活用水包括居民生活用水、公共用水（含第三产业及建筑业等用水）和环境用水（含河湖补水和绿化、清洁用水等），乡村居民生活用水仅指计算范围内乡村居民的日常生活用水，不包括牲畜用水，L/（人·d）；城镇、乡村实际供水人口为村级行政区内日取水量小于 $20m^3$ 供水机电井全年实际供水人口总数，采用实际调查数据，人；牲畜数量为村级行政区内日取水量小于 $20m^3$ 供水机电井全年实际供水牲畜数量，按大、小牲畜年底存栏数分别统计，采用实际调查数据（大牲畜包括牛、马、驴、骡和骆驼，小牲畜包括猪和羊，家禽数可折算后计入小牲畜中），头；牲畜用水定额按照计算范围内大、小牲畜数量权重和有关典型调查综合确定，L/（头·d）；城镇、乡村生活年取水量为当地下水为城乡生活的单一水源时，地下水取水量一般可直接采用上述计算成果，当多水源向城乡生活供水时，上述计算成果一般为各种水源的总供水量，各地应根据实际情况将其分解为地下水取水量，万 m^3。

以工业供水为主的供水井定额法计算公式为

$$工业年取水量＝万元工业产值用水定额×实际工业产值÷10^4$$

式中：万元工业产值用水定额由县级普查机构根据所在地（村、乡）实际用水定额定性和调查访问情况、县级普查经济社会用水调查中的典型调查结果综合确定，$m^3/万元$；实际工业产值为村级行政区内以日取水量小于 $20m^3$ 供水机电井为水源井的企业全年实际工业产值，采用实际调查数据，万元；工业年取水量为当地下水为企业的单一水源时，地下水取水量一般可直接采用上述计算

成果，当多水源向企业供水时，上述计算成果一般为各种水源的总供水量，各地应根据实际情况将其分解为地下水取水量，万 m^3。

3）人力井：一般采用定额法或典型调查法推算。

定额法参考规模以下机电井定额法计算公式。

典型调查法是指逐户调查或选取典型户调查平均每户每天从人力井取用的地下水水量（以水缸等盛水容器的体积换算），在此基础上推算村级行政区人力井的年取水量。

3. 背景数据

对地下水取水井普查相关的基础背景数据，包括地下水资源量、地下水可开采量、可开采模数、井灌区面积、各级统计机构发布的机电井数量及取水量等，由省级普查机构统一组织进行收集整理分析，各级普查机构协助复核校验。

（四）数据审核

采用计算机审核与人工审核相结合、全面审核与重点审核相结合、内业审核与外业抽查相结合、调查数据与背景数据相结合的方式进行数据审核，包括普查对象审核、基础数据审核和汇总数据审核。数据审核由县级普查区自下而上逐级进行全面审核，审核后逐级上报再次审核，审核不合格不允许上报，最终形成国家级普查成果。

1. 普查对象审核

以规模以上机电井、规模以上地下水水源地为重点，审核普查对象的全面性，确保普查对象不重不漏。

内业方面，主要进行以下6个方面的审核：①审核有无重复的普查对象记录；②审核清查表、普查表中普查对象及其数量是否一致；③与经济社会用水、农村供水工程的普查对象进行关联性审核，判断有无遗漏的普查对象；④与背景资料及成果进行比对，分析差别原因，必要时进行补充调查；⑤结合区域经济社会、地下水开发利用状况，分析区域间普查对象分布的合理性；⑥通过空间数据审核分析是否存在漏标、错标、重标的普查对象。

外业方面，主要是结合事中、事后质量抽查，审核有无漏报、错报、重报的普查对象。

2. 基础数据审核

重点审核清查表、普查表等基础数据的完整性、合理性、协调性，确保基础数据和源头数据的质量。

内业方面，主要进行以下8个方面的审核：①审核是否存在应填而漏填的数据项；②审核是否按规定取值范围、计量单位填写数据项；③对各表已有数值指标、间接数值指标进行排序，审核有无奇异性数据和不合理数据，其中间接指标为根据普查表中已有指标间接计算的指标，如亩均、人均地下水取水量等；④审核本专项清查表、普查表的同一数据项是否一致，如 Q802 与 P802 中的井数等；⑤审核本专项同一普查表内存在关联关系的数据项是否协调，如 P801 表中的水泵额定出水量与实际出水量、实际灌溉面积与控制灌溉面积等；⑥审核本专项相关普查表存在关联关系的数据项是否协调，例如规模以上机电井数量、取水量等；⑦审核本专项普查基础数据与农村供水工程、经济社会用水、灌区专项相关专业普查基础数据是否协调；⑧将本专项普查基础数据与背景数据进行关联审核，检验普查数据合理性。

外业方面，主要是结合事中、事后质量抽查，审核基础数据填报的真实性、准确性。

3. 汇总数据审核

汇总数据审核是提升普查成果数据质量的重要保障，与基础数据审核互有联系、互有补充、互有侧重。以汇总数据时空分布合理性分析为重点，主要进行以下 7 个方面的审核：①规模以上机电井配套率、水量计量设施安装率、取水许可证办理率等数据区域分布的合理性审核；②不同区域，特别是县级普查区间亩均、人均地下水取水量等单位指标分布的合理性审核；③不同区域间地下水取水总量及分行业取水量分布的合理性审核；④不同区域，特别是山丘区、平原区间地下水开采模数的合理性审核；⑤同一区域各类井取水量数据分布的合理性审核；⑥本次普查地下水取水量与统计资料等进行比对，分析差别原因，相互验证；⑦本次普查地下水埋深与有关资料及成果对比，并结合地下水开采量分析水位变化的合理性。

（五）数据汇总

1. 汇总方式

普查数据汇总分为水资源分区、行政分区、重点地区 3 种方式汇总。水资源分区汇总是以县级行政区套地貌类型区和水资源三级区为基本单元，逐级汇总形成水资源三级区、二级区、一级区不同地貌类型区的普查成果；行政分区汇总是以县级普查区为基本单元，逐级汇总形成县级行政区、地级行政区、省级行政区及全国普查成果；重点地区汇总是以县级普查区为基础单元，汇总形成各重点地区普查成果，重点地区分为三类：一是地下水超采区；二是黄淮海平原区、东北平原区、西北地区等地下水开发利用的重点地区；三是国家级主要功能区，包括重要经济区、能源基地、粮食主产区、重点生态功能区。

根据各类普查对象特点，基于普查表和清查表的基础数据，结合地下水管理需要等进行分类汇总。对地下水取水井，按取水井的规模类型、成井时间、井深、井壁管材料、应用状况、水量计量设施安装情况、行政许可证办理情况、所取用地下水的类型、主要取水用途等分类汇总各类取水井的数量、2011年地下水开采量等指标，分别按水资源分区、行政分区、重点地区进行汇总；对于规模以上地下水水源地，按水源地规模、所取用的地下水类型、主要取水用途、应用状况、水质监测资料情况、保护区划分情况、取水许可证办理情况等分类汇总水源地数量和2011年地下水开采量等指标，分别按水资源分区、行政分区、重点地区进行汇总。

2. 汇总分区

（1）水资源分区。水资源分区采用全国水资源综合规划成果，按照全国的河流水系情况，将全国划分为10个水资源一级区，在水资源一级区的基础上进一步划分为80个水资源二级区，然后再进一步划分为213个水资源三级区。其中10个水资源一级区包括松花江区、辽河区、海河区、黄河区、淮河区、长江区、东南诸河区、珠江区、西南诸河区、西北诸河区。全国水资源分区概况见表1-3-1和附图D1，全国水资源分区及编码见附录C。

表1-3-1　　　　　　　　全国水资源分区概况

水资源一级区	水 资 源 二 级 区
松花江区	额尔古纳河、嫩江、第二松花江、松花江（三岔河口以下）、黑龙江干流、乌苏里江、绥芬河、图们江
辽河区	西辽河、东辽河、辽河干流、浑太河、鸭绿江、东北沿黄渤海诸河
海河区	滦河及冀东沿海、海河北系、海河南系、徒骇马颊河
黄河区	龙羊峡以上、龙羊峡至兰州、兰州至河口镇、河口镇至龙门、龙门至三门峡、三门峡至花园口、花园口以下、内流区
淮河区	淮河上游、淮河中游、淮河下游、沂沭泗河、山东半岛沿海诸河
长江区	金沙江石鼓以上、金沙江石鼓以下、岷沱江、嘉陵江、乌江、宜宾至宜昌、洞庭湖水系、汉江、鄱阳湖水系、宜昌至湖口、湖口以下干流、太湖流域
东南诸河区	钱塘江、浙东诸河、浙南诸河、闽东诸河、闽江、闽南诸河、台澎金马诸河
珠江区	南北盘江、红柳江、郁江、西江、北江、东江、珠江三角洲、韩江及粤东诸河、粤西桂南沿海诸河、海南岛及南海各岛诸河
西南诸河区	红河、澜沧江、怒江及伊洛瓦底江、雅鲁藏布江、藏南诸河、藏西诸河
西北诸河区	内蒙古内陆河、河西内陆河、青海湖水系、柴达木盆地、吐哈盆地小河、阿尔泰山南麓诸河、中亚西亚内陆河区、古尔班通古特荒漠区、天山北麓诸河、塔里木河源、昆仑山北麓小河、塔里木河干流、塔里木盆地荒漠区、羌塘高原内陆区

为了满足普查成果汇总要求，本次水利普查利用全国水资源综合规划基于1:25万地图制作的地级行政区套水资源三级区成果，根据最新的1:5万国家基础地理信息图，制作形成了1:5万县级行政区套水资源三级区成果。全国共划分形成县级行政区套水资源三级区单元4188个。

为便于表述我国南北方地下水开发利用的特点，按照水资源一级区统一划分南北方界线，其中北方地区包括松花江区、辽河区、海河区、黄河区、淮河区、西北诸河区，南方地区包括：长江区（含太湖流域）、东南诸河区、珠江区、西南诸河区。

（2）行政分区。本次普查行政区划采用国家统计局的最新行政区划成果。为便于表述我国不同地区地下水开发利用的特点，以省级行政区为基础将全国划分为东、中、西部地区，其中东部地区包括北京、天津、河北、辽宁、山东、上海、江苏、浙江、福建、广东、海南11省（直辖市）；中部地区包括安徽、江西、湖北、湖南、山西、吉林、黑龙江、河南8省；西部地区包括广西、内蒙古、四川、重庆、贵州、云南、西藏、陕西、甘肃、青海、宁夏、新疆12省（自治区、直辖市）。

（3）重点地区。

1）地下水超采区，为揭示我国超采区内地下水开发利用情况，本书对全国地下水利用与保护规划确定的浅层地下水超采区范围内的地下水取水井普查成果进行了综合分析。

2）地下水开发利用重点地区，对我国地下水开发利用强度较高的黄淮海平原、东北平原、西北地区进行了地下水取水井专项普查数据汇总分析。

a. 黄淮海平原。黄淮海平原是我国第二大平原，为我国地下水开发利用最早、历史最悠久的地区，是我国重要粮食生产基地，但同时也是地下水开发利用问题最集中、形势最严峻的地区，地下水超采十分严重。黄淮海平原涉及北京、天津、河北、河南、山东、江苏、安徽7省（直辖市）的534个县级行政区，总面积42.8万km²。黄淮海平原范围统计情况见表1-3-2。

表1-3-2　　　　　　　　黄淮海平原范围统计情况

省级行政区	地级行政区数量/个	县级行政区数量/个	省级行政区	地级行政区数量/个	县级行政区数量/个
合计	59	534	河南	16	123
北京	0	16	山东	17	137
天津	0	16	江苏	8	51
河北	9	142	安徽	9	49

b. 东北平原。东北平原包括辽河中下游、松嫩、三江平原等，近年来由于工农业的快速发展和良好的地下水开采条件，地下水开采逐年增长，同时也引发了地下水超采等生态环境问题。东北平原涉及黑龙江、吉林、辽宁及内蒙古4省（自治区）的221个县级行政区。东北平原范围统计情况见表1-3-3。

表1-3-3　　　　　　　　东北平原范围统计情况

省级行政区	地级行政区数量/个	县级行政区数量/个	省级行政区	地级行政区数量/个	县级行政区数量/个
合计	33	221	辽宁	12	74
黑龙江	11	89	内蒙古	4	25
吉林	6	33			

c. 西北地区。西北地区水资源短缺，水资源开发利用程度较高，生态环境脆弱，水资源已成为制约经济社会发展的最重要因素。近年来地下水开采量在逐渐增加，地下水超采等生态环境问题有加剧的趋势。西北地区包括陕西、宁夏、甘肃、青海、新疆以及内蒙古中西部，面积约351万km²。西北地区范围统计情况见表1-3-4。

表1-3-4　　　　　　　　西北地区范围统计情况

省级行政区	地级行政区数量/个	县级行政区数量/个	省级行政区	地级行政区数量/个	县级行政区数量/个
合计	59	410	青海	8	46
内蒙古	7	50	宁夏	5	22
陕西	10	107	新疆	15	98
甘肃	14	87			

3）主体功能区。依据《全国主体功能区规划》，根据《全国水中长期供求规划》确定的重要经济区、能源基地、粮食主产区、重点生态功能区范围，汇总形成各主体功能区地下水取水井专项普查成果。

a. 重要经济区。《全国主体功能区规划》确定了我国"两横三纵"的城市化战略格局，包括环渤海地区、长三角地区、珠三角地区3个国家级优先开发区域和冀中南地区、太原城市群等18个国家层面重点开发区域，进一步细分为27个重要经济区，共涉及31个省（自治区、直辖市），212个地级市的1754个县级行政区，总面积约284万km²。重要经济区范围统计情况见表1-3-5。

表 1 - 3 - 5 重要经济区范围统计情况

重要经济区		范 围 统 计		
		省级行政区数量/个	地级行政区数量/个	县级行政区数量/个
合计		31	212	1754
环渤海地区	小计	5	25	248
	京津冀地区	3	6	104
	辽中南地区	1	12	84
	山东半岛地区	1	7	60
长江三角洲地区		3	15	137
珠江三角洲地区		1	9	47
冀中南地区		1	5	95
太原城市群		1	6	50
呼包鄂榆地区		2	5	41
哈长地区	小计	2	8	78
	哈大齐工业走廊与牡绥地区	1	4	52
	长吉图经济区	1	4	26
东陇海地区		2	3	19
江淮地区		1	8	56
海峡西岸经济区		4	18	154
中原经济区		4	28	224
长江中游地区	小计	3	24	187
	武汉城市圈	1	6	47
	环长株潭城市群	1	8	64
	鄱阳湖生态经济区	1	9	76
北部湾地区		3	7	54
成渝经济区	小计	2	15	146
	重庆经济区	1	0	31
	成都经济区	1	15	115
黔中地区		1	6	39
滇中地区		1	4	42
藏中南地区		1	5	12
关中-天水地区		2	7	66
兰州-西宁地区		2	5	22
宁夏沿黄经济区		1	4	13
天山北坡经济区		1	6	24

　　b. 重要能源基地。《全国主体功能区规划》确定了我国能源开发布局，重点在能源资源富集的山西、鄂尔多斯盆地、西南、东北和新疆等地区建设能源基地，形成以"五片一带"为主体，以点状分布的新能源基地为补充的能源开发布局框架。共划分 5 片 17 个重要能源基地，涉及煤炭开采、煤电开发、石油开采、天然气开采等诸多类型，覆盖全国 11 个省（自治区），55 个地级市，257 个县级行政区。能源基地范围统计情况见表 1-3-6。

表 1-3-6　　　　　　　　　　　能源基地范围统计情况

能源基地		范　围　统　计		
		省级行政区数量/个	地级行政区数量/个	县级行政区数量/个
合计		11	55	257
山西	小计	1	11	75
	晋北煤炭基地	1	5	19
	晋中煤炭基地（含晋西）	1	6	29
	晋东煤炭基地	1	6	27
鄂尔多斯盆地	小计	4	13	72
	陕北能源化工基地	1	2	24
	黄陇煤炭基地	1	4	10
	神东煤炭基地	1	2	12
	鄂尔多斯市能源与重化工产业基地	1	1	8
	宁东煤炭基地	1	3	6
	陇东能源化工基地	1	2	12
东北地区	小计	3	14	58
	蒙东（东北）煤炭基地	3	13	49
	大庆油田	1	1	9
西南地区	云贵煤炭基地	3	9	27
新疆	小计	1	8	25
	准东煤炭、石油基地	1	2	6
	伊犁煤炭基地	1	1	5
	吐哈煤炭、石油基地	1	2	5
	克拉玛依-和丰石油、煤炭基地	1	3	7
	库拜煤炭基地	1	1	2

c. 粮食主产区。依据《全国主体功能区规划》的"七区二十三带"范围及全国水中长期供求规划成果，确定本次汇总采用的粮食主产区包括"七区十七带"，涉及 26 个省级行政区，221 个地级行政区，共计 898 个粮食主产县。粮食主产区范围统计情况见表 1 - 3 - 7。

表 1 - 3 - 7   粮食主产区范围统计情况

粮食主产区		范 围 统 计		
		省级行政区数量/个	地级行政区数量/个	县级行政区数量/个
合计		26	221	898
东北平原	小计	4	37	155
	辽河中下游区	2	15	51
	松嫩平原	3	15	81
	三江平原	1	7	23
黄淮海平原	小计	5	54	296
	黄海平原	3	18	126
	黄淮平原	4	26	138
	山东半岛区	1	10	32
汾渭平原	汾渭谷地区	4	18	59
河套灌区	宁蒙河段区	2	9	21
长江流域	小计	8	66	234
	长江下游地区	3	13	37
	鄱阳湖湖区	1	10	42
	江汉平原区	1	11	36
	洞庭湖湖区	1	13	56
	四川盆地区	2	19	63
华南主产区	小计	7	22	81
	浙闽区	2	4	20
	粤桂丘陵区	2	7	20
	云贵藏高原区	3	11	41
甘肃新疆	甘新地区	2	15	52

d. 重点生态功能区。根据《全国主体功能区规划》，国家层面限制开发的重点生态功能区包括大小兴安岭森林生态功能区等 25 个区域，共涉及全国 24 个省（自治区、直辖市），包含 434 个县级行政区。总面积约为 384 万 km²，占全国国土总面积的 39.8%；2011 年底常住总人口约 1.05 亿人，约占全国总

人口的 7.7%。国家重点生态功能区划分情况见表 1-3-8。

表 1-3-8　　国家层面限制开发重点生态功能区范围统计情况

重点生态功能区	范围统计		
	省级行政区数量/个	地级行政区数量/个	县级行政区数量/个
合计	24	117	434
大小兴安岭森林生态功能区	2	8	43
长白山森林生态功能区	2	4	19
阿尔泰山地森林草原生态功能区	1	1	7
三江源草原草甸湿地生态功能区	1	4	16
若尔盖草原湿地生态功能区	1	1	3
甘南黄河重要水源补给生态功能区	1	2	10
祁连山冰川与水源涵养生态功能区	2	7	14
南岭山地森林及生物多样性生态功能区	4	10	34
黄土高原丘陵沟壑水土保持生态功能区	4	13	45
大别山水土保持生态功能区	3	6	15
桂黔滇喀斯特石漠化防治生态功能区	3	10	26
三峡库区水土保持生态功能区	2	3	9
塔里木河荒漠化防治生态功能区	1	5	20
阿尔金草原荒漠化防治生态功能区	1	1	2
呼伦贝尔草原草甸生态功能区	1	1	2
科尔沁草原生态功能区	2	4	11
浑善达克沙漠化防治生态功能区	2	4	15
阴山北麓草原生态功能区	1	3	6
川滇森林及生物多样性生态功能区	2	11	47
秦巴生物多样性生态功能区	5	14	46
藏东南高原边缘森林生态功能区	1	2	3
藏西北羌塘高原荒漠生态功能区	1	2	5
三江平原湿地生态功能区	1	4	7
武陵山区生物多样性与水土保持生态功能区	3	6	25
海南岛中部山区热带雨林生态功能区	1	1	4

第四节 主要普查成果

一、地下水取水井及开采量

全国地下水取水井数量共计 9748.0 万眼,2011 年共取用地下水 1081.25 亿 m³。其中:规模以上机电井 444.9 万眼,占地下水取水井总数的 4.6%,开采地下水 827.51 亿 m³,占地下水开采总量的 76.6%;规模以下机电井 4936.8 万眼,占地下水取水井总数的 50.6%,开采地下水 210.20 亿 m³,占地下水开采总量的 19.4%;人力井 4366.2 万眼,占地下水取水井总数的 44.8%,开采地下水 43.53 亿 m³,占地下水开采总量的 4.0%。

我国地下水取水井数量和取水量区域分布不均衡,总体呈现北方多、南方少的特点。北方地区地下水取水井 5414.6 万眼,占全国取水井总数的 55.5%,其中规模以上机电井共 428.1 万眼,占全国规模以上机电井总数的 96.2%。南方地区地下水取水井 4333.4 万眼,占全国取水井总数的 44.5%,其中规模以上机电井 16.9 万眼,占全国规模以上机电井总数的 3.8%。

全国地下水开采主要集中在北方地区,北方地区 2011 年共开采地下水 964.50 亿 m³,占全国地下水开采总量的 89.2%;黄淮海平原、东北平原 2011 年共开采地下水 589.33 亿 m³,占全国地下水开采总量的 54.5%;西北地区(包括陕西、宁夏、甘肃、青海、新疆以及内蒙古中西部)2011 年地下水开采量占全国地下水开采总量的 21.0%。南方地区 2011 年地下水开采量 116.75 亿 m³,占全国地下水开采总量的 10.8%。

二、地下水供水保障作用

地下水对保障我国供水安全和抗旱减灾发挥了重要作用。2011 年全国总供水量中地下水比重为 17.4%,北方地区达 34.0%,河北省比例高达 78%,山西、河南、北京、黑龙江、内蒙古、辽宁 6 省(自治区、直辖市)比例均超过 40%。全国农业灌溉总用水量中地下水比例为 18.5%,北方地区为 32.9%,其中粮食主产区河北省、河南、黑龙江、内蒙古、山东、辽宁、吉林 7 省(自治区)比例分别为 89%、64%、49%、44%、39%、38% 和 36%;全国工业及生活总用水量中地下水比例为 15.3%,其中新疆、河北、山西 3 省(自治区)比例超过 50%,宁夏、辽宁、北京、内蒙古 4 省(自治区、直辖市)比例超过 40%。

三、地下水利用情况

我国地下水开采量中，用于农业灌溉的水量占地下水开采总量的 69.6%，其中北方地区地下水开采量的 75.3% 用于农业灌溉，河北、内蒙古、黑龙江、河南、甘肃、新疆 6 省（自治区）地下水用于农业灌溉的比例超过 77%；用于工业的地下水开采量 73.59 亿 m^3，占地下水开采总量的 6.8%，南北方基本持平；用于城镇生活的地下水开采量 85.33 亿 m^3，地下水开采总量的 7.9%，北方地区 7.7%，南方地区 10.4%；用于农村生活的地下水开采量 169.53 亿 m^3，地下水开采总量的 15.7%，北方地区 10.3%，南方地区 60.0%。

四、地下水开发利用程度

平原区 2011 年浅层地下水开采量 779.93 亿 m^3，开采系数（平原区 2011 年浅层地下水开采量与多年平均地下水可开采量的比值）为 63%。北方地区浅层地下水开采系数普遍较高，超过 100% 的省级行政区有河北、甘肃 2 省，分别为 115%、109%；在 80%～100% 区间的省级行政区有河南、山西、山东、黑龙江、新疆 5 省（自治区），分别为 99%、97%、85%、81%、80%；平原区 2011 年浅层地下水开采系数在 50%～80% 区间的省级行政区有辽宁、北京、吉林、福建、内蒙古、天津 6 省（自治区、直辖市）；河北、河南、山东、新疆、甘肃等省多个地市浅层地下水开采系数超过 100%。

五、地下水水源地情况

全国共有规模以上地下水水源地 1841 个，大部分为中小型水源地，2011 年地下水水源地供水量为 85.91 亿 m^3，占全国地下水开采总量的 7.9%。其中特大型水源地 17 个，占水源地总数的 0.9%，2011 年供水量 6.37 亿 m^3，占水源地供水量的 7.4%；大型水源地 136 个，占水源地总数的 7.4%，2011 年供水量 21.49 亿 m^3，占 25.0%；中型水源地 864 个，占水源地总数的 46.9%，2011 年供水量 42.35 亿 m^3，占 49.3%；小型水源地 824 个，占水源地总数的 44.8%，2011 年供水量 15.69 亿 m^3，占 18.3。

我国规模以上地下水水源地主要集中在水资源较为缺乏的北方地区，尤其是水资源匮乏的黄淮海地区。北方地区规模以上地下水水源地数量为 1601 个，占全国总数的 87.0%，其供水量 77.77 亿 m^3，占全国的 90.5%；黄河区、海河区、淮河区数量最多，共占全国总数的 59.2%。

第二章　地下水取水井情况

我国地下水开发利用历史悠久，已发现最早的水井是浙江余姚河姆渡古文化遗址水井，其年代距今约 5700 年。新中国成立以来，陆续修建了大量的地下水利用工程，取水井已成为应用最为广泛的地下水取水工程。本章主要对我国地下水取水井数量及其分布进行了综合分析。

第一节　地下水取水井数量

地下水取水井数量众多，在全国范围内广泛分布，北方缺水地区更为集中。本节重点对地下水取水井的数量与规模进行了分析，并按规模、取水用途等进行了分类，分析了各类取水井的分布特点。

一、总体情况

（一）取水井数量

全国地下水取水井数量共计 9748.0 万眼。其中：规模以上机电井 444.9 万眼，占地下水取水井总数的 4.6%；规模以下机电井 4936.8 万眼，占地下水取水井总数的 50.6%；人力井 4366.2 万眼，占地下水取水井总数的 44.8%。

从取水井的取水用途看，规模以上机电井以灌溉用途为主，规模以下机电井以生活和工业供水为主，人力井主要用于生活供水。全国灌溉井共计 847.9 万眼，占地下水取水井总数的 8.7%；生活及工业用途供水井共计 8900.1 万眼，占地下水取水井总数的 91.3%。

从地貌类型看，山丘区地下水取水井数量为 4504.3 万眼，占地下水取水井总数的 46.2%，其中规模以上机电井 66.1 万眼，规模以下机电井和人力井合计 4438.2 万眼；平原区地下水取水井数量为 5243.7 万眼，占地下水取水井总数的 53.8%，其中规模以上机电井 378.9 万眼，规模以下机电井和人力井合计 4864.8 万眼。

从所取用的地下水类型看，取用浅层地下水的取水井 9718.9 万眼，占地下水取水井总数的 99.7%，其中，规模以上 415.9 万眼，规模以下机电井和人力井合计9303.0万眼；取用深层承压水的取水井29.1万眼，占地下水取水井总数的0.3%。

全国地下水取水井数量及分类汇总成果见表2-1-1，全国不同类型取水井数量占比见图2-1-1。

表2-1-1　　　　　　　全国地下水取水井数量及分类汇总成果

分　　类				数量/万眼
合　　计				9748.0
按取水井类型	机电井	小计		5381.7
		规模以上机电井	小计	444.9
			灌溉（井口井管内径≥200mm）	406.6
			供水（日取水量≥20m³）	38.3
		规模以下机电井	小计	4936.8
			灌溉（井口井管内径<200mm）	441.3
			供水（日取水量<20m³）	4495.5
	人力井			4366.2
按地貌类型	山丘区			4504.3
	平原区			5243.7
按地下水类型	浅层地下水			9718.9
	深层承压水			29.1

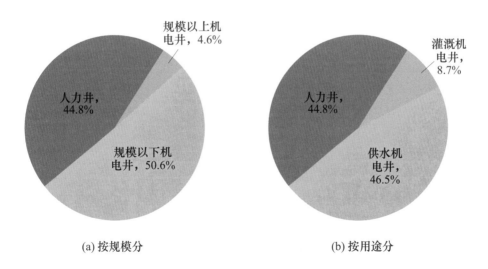

(a) 按规模分　　　　　　　　　　(b) 按用途分

图2-1-1　全国不同类型取水井数量占比

（二）取水井分布

从水资源一级区看，地下水取水井数量呈现北方多、南方少的特点，各区以生活、工业供水井为主，灌溉井数量占比在25.0%以内。其中，北方地区地下水取水井数量为5414.6万眼，占地下水取水井总数的55.5%，灌溉井比例为14.2%；南方地区地下水取水井数量4333.3万眼，占地下水取水井总数的44.5%，灌溉井比例为1.8%。长江区和淮河区地下水取水井数量明显较多，绝大部分为规模以下机电井及人力井；西南诸河区和西北诸河区地下水取水井数量很少。水资源一级区取水井数量见表2-1-2，水资源一级区取水井数量分布见图2-1-2。

表2-1-2 水资源一级区取水井数量

水资源一级区	合计 /眼	机电井/眼						人力井 /眼
		规模以上机电井			规模以下机电井			
		小计	灌溉	供水	小计	灌溉	供水	
全国	97479799	4449325	4066050	383275	49368162	4413174	44954988	43662312
北方地区	54146422	4280647	3959774	320873	28388206	3721338	24666868	21477569
南方地区	43333377	168678	106276	62402	20979956	691836	20288120	22184743
松花江区	6837224	360252	326110	34142	4305075	1014727	3290348	2171897
辽河区	7160865	322378	293921	28457	5110011	980868	4129143	1728476
海河区	6479162	1352914	1252068	100846	4010186	314659	3695527	1116062
黄河区	4603632	556806	495395	61411	2298648	198153	2100495	1748178
淮河区	28043251	1493117	1417078	76039	12377320	1164827	11212493	14172814
长江区	33022075	125913	90178	35735	16901844	394697	16507147	15994318
其中：太湖流域	2193340	1305	7	1298	370689	9656	361033	1821346
东南诸河区	2929153	6908	1837	5071	1492701	90852	1401849	1429544
珠江区	7125779	32622	11863	20759	2525709	198149	2327560	4567448
西南诸河区	256370	3235	2398	837	59702	8138	51564	193433
西北诸河区	1022288	195180	175202	19978	286966	48104	238862	540142

全国各省级行政区地下水取水井数量差异较大。河南、安徽、山东、四川4省地下水取水井数量较多，合计4133.5万眼，占全国取水井总数的42.4%；陕西、重庆、福建、云南、海南、新疆、山西、甘肃、上海、宁夏、天津、北京、青海、贵州、西藏15省（自治区、直辖市）地下水取水井较少，合计832.9万眼，占全国取水井总数的8.5%。省级行政区取水井数量分布见图2-1-3和附图D2，省级行政区取水井数量见附表A1。

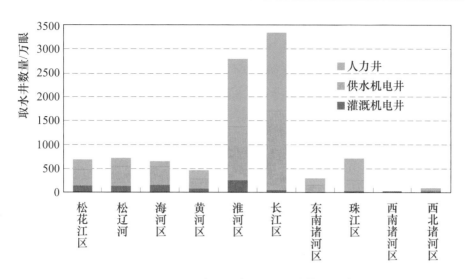

图 2-1-2 水资源一级区取水井数量分布

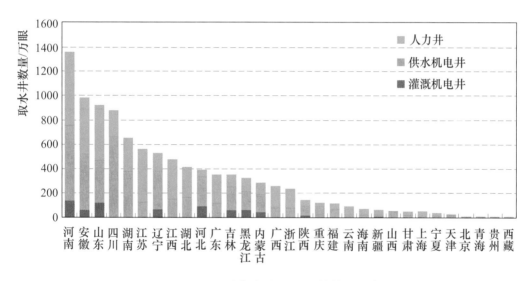

图 2-1-3 省级行政区取水井数量分布

二、规模以上机电井

(一) 井数量

全国规模以上机电井 444.9 万眼，占地下水取水井总数的 4.6%。规模以上机电井以灌溉井为主，多位于平原区，绝大部分取用浅层地下水。

从地貌类型区看，平原区规模以上机电井井数为 378.8 万眼，占规模以上机电井总数的 85.1%；山丘区规模以上机电井井数为 66.1 万眼，占规模以上机电井总数的 14.9%。

从所取用的地下水类型看，取用浅层地下水的规模以上机电井为 415.8 万眼，占规模以上机电井总数的 93.5%；取用深层承压水的规模以上机电井井数为 29.1 万眼，占规模以上机电井总数的 6.5%。

从取水用途看，规模以上灌溉机电井明显多于规模以上供水机电井。其中，规模以上灌溉机电井井数为 406.6 万眼，占规模以上机电井总数的 91.4%；规模以上供水机电井井数为 38.3 万眼，占规模以上机电井总数的 8.6%。

全国规模以上机电井数量及分类汇总成果见表 2-1-3。

表 2-1-3　　　　　全国规模以上机电井数量及分类汇总成果

分　类		井数/万眼	占比/%
合　计		444.9	100
按地貌类型分	山丘区	66.1	14.9
	平原区	378.8	85.1
按地下水类型分	浅层地下水	415.8	93.5
	深层承压水	29.1	6.5
按取水用途分	灌溉	406.6	91.4
	供水	38.3	8.6

（二）分布情况

规模以上机电井数量在各水资源一级区差异较大，主要集中在北方地区，尤其是黄淮海地区，南方地区明显较少。其中，北方地区规模以上机电井 428.1 万眼，占全国总数的 96.2%；南方地区规模以上机电井 16.9 万眼，占全国总数的 3.8%。规模以上机电井数量最为集中的淮河区和海河区，合计达 284.6 万眼，占全国规模以上机电井总数的 64%，东南诸河区、西南诸河区、珠江区等南方地区明显较少。水资源一级区规模以上机电井数量见表 2-1-4，水资源一级区规模以上机电井数量分类占比见表 2-1-5。

表 2-1-4　　　　　水资源一级区规模以上机电井数量

水资源一级区	合计/眼	按地貌类型分/眼		按地下水类型分/眼		按取水用途分/眼	
		山丘区	平原区	浅层地下水	深层承压水	灌溉	供水
全国	4449325	660863	3788462	4158771	290554	4066050	383275
北方地区	4280647	588006	3692641	3997342	283305	3959774	320873
南方地区	168678	72857	95821	161429	7249	106276	62402
松花江区	360252	85719	274533	282797	77455	326110	34142

续表

水资源一级区	合计/眼	按地貌类型分/眼		按地下水类型分/眼		按取水用途分/眼	
		山丘区	平原区	浅层地下水	深层承压水	灌溉	供水
辽河区	322378	145269	177109	319113	3265	293921	28457
海河区	1352914	106620	1246294	1213756	139158	1252068	100846
黄河区	556806	113023	443783	521929	34877	495395	61411
淮河区	1493117	111903	1381214	1464910	28207	1417078	76039
长江区	125913	41018	84895	122105	3808	90178	35735
其中：太湖流域	1305	197	1108	956	349	7	1298
东南诸河区	6908	5279	1629	6863	45	1837	5071
珠江区	32622	23336	9286	29262	3360	11863	20759
西南诸河区	3235	3224	11	3199	36	2398	837
西北诸河区	195180	25472	169708	194837	343	175202	19978

表 2-1-5　　水资源一级区规模以上机电井数量分类占比

水资源一级区	分类井数占规模以上机电井总数比例/%					
	按地貌类型分		按地下水类型分		按取水用途分	
	山丘区	平原区	浅层地下水	深层承压水	灌溉	供水
全国	14.9	85.1	93.5	6.5	91.4	8.6
北方地区	13.7	86.3	93.4	6.6	92.5	7.5
南方地区	43.2	56.8	95.7	4.3	63.0	37.0
松花江区	23.8	76.2	78.5	21.5	90.5	9.5
辽河区	45.1	54.9	99.0	1.0	91.2	8.8
海河区	7.9	92.1	89.7	10.3	92.6	7.4
黄河区	20.3	79.7	93.7	6.3	89.0	11.0
淮河区	7.5	92.5	98.1	1.9	94.9	5.1
长江区	32.6	67.4	97.0	3.0	71.6	28.4
其中：太湖流域	15.1	84.9	73.3	26.7	0.5	99.5
东南诸河区	76.4	23.6	99.3	0.7	26.6	73.4
珠江区	71.5	28.5	89.7	10.3	36.4	63.6
西南诸河区	99.7	0.3	98.9	1.1	74.1	25.9
西北诸河区	13.1	86.9	99.8	0.2	89.8	10.2

各省级行政区之间规模以上机电井数量分布差异大，北方省份明显多于南方省份，黄淮海地区最为集中，其次是东北地区各省。其中，河南、河北、山东3省规模以上机电井最多，合计283.3万眼，占全国规模以上机电井总数的63.7％；内蒙古和黑龙江2省（自治区）规模以上机电井相对较多；江苏、广西、四川、广东、湖南、宁夏、湖北、江西、云南、海南、福建、浙江、贵州、青海、西藏、重庆、上海17省（自治区、直辖市）规模以上机电井明显较少，合计12.2万眼，仅占全国规模以上机电井总数的2.7％。省级行政区规模以上机电井数量及分类占比见附表A2，省级行政区规模以上机电井数量分布情况见图2-1-4和附图D3，规模以上机电井位置分布示意图见附图D4。

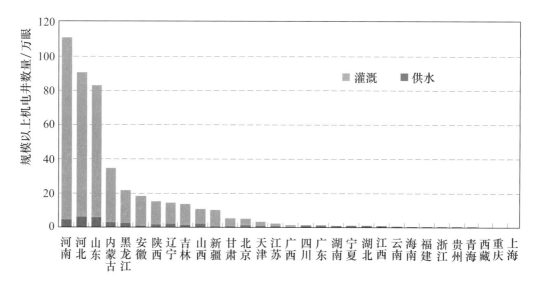

图2-1-4　省级行政区规模以上机电井数量分布

三、规模以下机电井

（一）井数量

全国规模以下机电井4936.8万眼，占地下水取水井总数的50.6％。规模以下机电井主要以生活、工业供水用途为主，平原区和山丘区数量基本持平，均取用浅层地下水。

从地貌类型区看，山丘区规模以下机电井井数为2524.7万眼，占规模以下机电井总数的51.1％；平原区规模以下机电井井数为2412.1万眼，占规模以下机电井总数的48.9％。

规模以下灌溉机电井数量为441.3万眼，其中山丘区规模以下灌溉机电井数量为127.4万眼，占规模以下灌溉机电井总数的28.9％；平原区规模以下灌溉机电井数量为313.9万眼，占规模以下灌溉机电井总数的71.1%。平原区规模以下灌溉机电井数量明显多于山丘区井数。

规模以下供水机电井数量为4495.5万眼，其中山丘区规模以下供水机电井数量为2397.3万眼，占规模以下供水机电井总数的53.3%；平原区规模以下供水机电井数量为2098.2万眼，占规模以下供水机电井总数的46.7%。

不同地貌类型区规模以下机电井数量及占比见表2-1-6。

表2-1-6　　　　　不同地貌类型区规模以下机电井数量及占比

地貌类型区	规模以下机电井		规模以下灌溉机电井		规模以下供水机电井	
	井数/万眼	占比/%	井数/万眼	占比/%	井数/万眼	占比/%
合计	4936.8	100	441.3	100	4495.5	100
山丘区	2524.7	51.1	127.4	28.9	2397.3	53.3
平原区	2412.1	48.9	313.9	71.1	2098.2	46.7

（二）分布情况

规模以下机电井数量在水资源一级区之间差异明显，长江区和淮河区是规模以下机电井最为集中的水资源一级区，合计2927.9万眼，占全国规模以下机电井总数59.3%。北方地区规模以下机电井数量2838.8万眼，占全国规模以下机电井总数的57.5%；南方地区规模以下机电井数量2098.0万眼，占全国规模以下机电井总数的42.5%。水资源一级区规模以下机电井数量见表2-1-7。

表2-1-7　　　　　水资源一级区规模以下机电井数量

水资源一级区	规模以下机电井/眼			规模以下灌溉机电井/眼			规模以下供水机电井/眼		
	合计	山丘区	平原区	小计	山丘区	平原区	小计	山丘区	平原区
全国	49368162	25246946	24121216	4413174	1274271	3138903	44954988	23972675	20982313
北方地区	28388206	9122624	19265582	3721338	836885	2884453	24666868	8285739	16381129
南方地区	20979956	16124322	4855634	691836	437386	254450	20288120	15686936	4601184
松花江区	4305075	1446741	2858334	1014727	181416	833311	3290348	1265325	2025023
辽河区	5110011	2876704	2233307	980868	263016	717852	4129143	2613688	1515455
海河区	4010186	1163632	2846554	314659	38714	275945	3695527	1124918	2570609
黄河区	2298648	853081	1445567	198153	61011	137142	2100495	792070	1308425
淮河区	12377320	2714981	9662339	1164827	284151	880676	11212493	2430830	8781663
长江区	16901844	12909417	3992427	394697	223423	171274	16507147	12685994	3821153

续表

水资源一级区	规模以下机电井/眼			规模以下灌溉机电井/眼			规模以下供水机电井/眼		
	合计	山丘区	平原区	小计	山丘区	平原区	小计	山丘区	平原区
其中：太湖流域	370689	57296	313393	9656	857	8799	361033	56439	304594
东南诸河区	1492701	1201410	291291	90852	64328	26524	1401849	1137082	264767
珠江区	2525709	1953925	571784	198149	141533	56616	2327560	1812392	515168
西南诸河区	59702	59570	132	8138	8102	36	51564	51468	96
西北诸河区	286966	67485	219481	48104	8577	39527	238862	58908	179954

　　规模以下机电井多为乡村生活供水井，省际之间差异较大。规模以下机电井较为集中的有四川、河南、安徽、山东、湖南、辽宁6省，合计2960.6万眼，占全国规模以下机电井总数的60%；山西、海南、云南、甘肃、天津、新疆、宁夏、贵州、青海、北京、西藏、上海12省（自治区、直辖市）规模以下机电井很少，合计141.3万眼，仅占全国规模以下机电井总数的2.9%。省级行政区规模以下机电井数量见附表A3，省级行政区规模以下机电井数量分布情况见图2-1-5和附图D5。

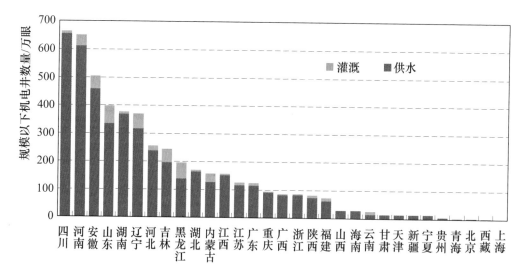

图2-1-5　省级行政区规模以下机电井数量分布

四、人力井

（一）井数量

　　全国人力井共4366.2万眼，占地下水取水井总数的44.8%。人力井多分布在农村地区，取用浅层地下水用于居民生活。

从地貌类型区看，山丘区人力井数量为 1913.5 万眼，占全国人力井总数的 43.8%，平原区人力井数量为 2452.7 万眼，占全国人力井总数的 56.2%。不同地貌类型区人力井数量及占比见表 2－1－8。

表 2－1－8　　　　　　　　不同地貌类型区人力井数量及占比

分　区	井数/万眼	占比/%
合计	4366.2	100.0
山丘区	1913.5	43.8
平原区	2452.7	56.2

（二）分布情况

在 10 个水资源一级区中，长江区和淮河区人力井明显较多，合计 3016.7 万眼，占全国人力井总数 69.1%。北方地区人力井数量 2147.8 万眼，占全国人力井总数的 49.2%；南方地区人力井数量 2218.5 万眼，占全国人力井总数的 50.8%。水资源一级区人力井数量见表 2－1－9。

表 2－1－9　　　　　　　　水资源一级区人力井数量

水资源一级区	合计/眼	山丘区/眼	平原区/眼
全国	43662312	19135302	24527010
北方地区	21477569	4948179	16529390
南方地区	22184743	14187123	7997620
松花江区	2171897	630156	1541741
辽河区	1728476	778370	950106
海河区	1116062	374725	741337
黄河区	1748178	539336	1208842
淮河区	14172814	2552402	11620412
长江区	15994318	9566355	6427963
其中：太湖流域	1821346	135055	1686291
东南诸河区	1429544	769440	660104
珠江区	4567448	3663901	903547
西南诸河区	193433	187427	6006
西北诸河区	540142	73190	466952

人力井在各省级行政区之间分布差异比较明显，主要集中在人口较多的农村地区，多为乡村生活供水。其中，河南、安徽、江苏、山东 4 省人力井数量

最多，合计 1936.9 万眼，占全国人力井总数的 44%；云南、上海、陕西、福建、河北、海南、新疆、甘肃、重庆、宁夏、山西、天津、青海、西藏、北京、贵州 16 省（自治区、直辖市）人力井明显较少，合计 439.7 万眼，仅占全国人力井总数的 10.1%。省级行政区人力井数量分布情况见图 2-1-6 及附图 D6，省级行政区人力井数量见附表 A3。

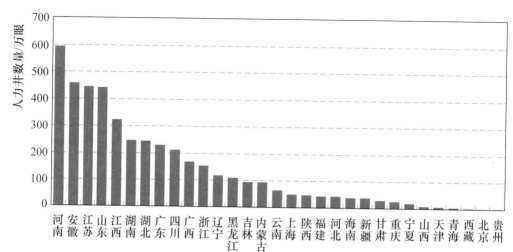

图 2-1-6　省级行政区人力井数量分布

第二节　地下水取水井密度

取水井密度是指单位面积上的取水井数量，可反映取水井数量的区域分布特点。本节以县级行政区为基本计算单元对地下水取水井密度、规模以上机电井密度、规模以下机电井密度、人力井密度进行了分析计算，并采用统计学的聚类分析法对各类取水井密度进行了聚类分析计算，分别划分为高密度、中高密度、中密度、中低密度、低密度五个等级。同时，以水资源一级区、省级行政区、地貌类型区为单元对各类取水井密度的区域特点进行了综合分析。

一、井密度等级划分

（一）等级划分标准

为分析评价取水井密度的分布特点与规律，对取水井密度、规模以上机电井密度、规模以下机电井密度及人力井密度进行等级划分。依据井密度的特点和统计学方法，采用聚类分析法对井密度进行分类，确定各分类间的密度界限。

聚类分析法是将物理或抽象的集合分成由类似对象组成的多个类的方法，

目的是依据所分析的对象集合，将同一类的对象归到一起，确定集合中各类间的分界线。基本原则是划分到同一类中的个体相似性较大，而划入不同类中的个体差异较大，分割标准是同类之间的离差平方和最小，示例见图 2-2-1。

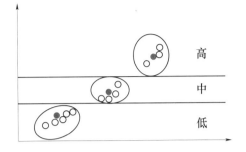

图 2-2-1　聚类分析示意图

将各类井密度分为高密度、中高密度、中密度、中低密度、低密度五级，具体计算原理如下。

假设五级范围分别为 $0 \sim x_1$，$x_1 \sim x_2$，$x_2 \sim x_3$，$x_3 \sim x_4$，$x_4 \sim x_5$（$x_1 \leqslant x_2 \leqslant x_3 \leqslant x_4 \leqslant x_5$），属于第 i 级的数据 x_{ij} 有 k 个，计算参数 W：

$$V_i = \sum_{j=1}^{k}(x_{ij} - \overline{x_{ij}})^2, \quad W = \sum_{i=1}^{5}V_i$$

x_1，x_2，x_3，x_4，x_5 在 $[0, \max(x_{ij})]$ 之间变化，$\min\{W\}$ 时的 x_1，x_2，x_3，x_4，x_5 即为五级的分级标准边界值。

经统计分析，全国地下水取水井密度为 10.4 眼/km²，其中规模以上机电井密度 0.473 眼/km²，规模以下机电井密度 5.25 眼/km²，人力井密度 4.65 眼/km²。从县域范围来说，河南省周口市川汇区的取水井密度最大，为 423 眼/km²；河北省保定市南市区的规模以上机电井密度最大，为 35.0 眼/km²；河南省周口市川汇区的规模以下机电井密度最大，为 359 眼/km²；山东省临沂市河东区的人力井密度最大，为 164 眼/km²。省级行政区县域各类取水井密度分布见附表 A4。

以各县各类取水井密度值为系列，按照上述聚类分析法进行井密度分级，得到高密度、中高密度、中密度、中低密度、低密度的等级划分标准，见表 2-2-1。

表 2-2-1　　　　　　　各类取水井密度等级划分标准　　　　　　　单位：眼/km²

井类型	低密度	中低密度	中密度	中高密度	高密度
取水井	<16	16（含）～44	44（含）～84	84（含）～140	≥140
规模以上机电井	<1.5	1.5（含）～5	5（含）～10	10（含）～17	≥17
规模以下机电井	<12	12（含）～36	36（含）～68	68（含）～115	≥115
人力井	<10	10（含）～28	28（含）～54	54（含）～100	≥100

（二）井密度等级划分

依据上述确定的取水井密度划分标准，将本次普查各县级行政区各类取水井密度划分为高密度、中高密度、中密度、中低密度、低密度五个等级。

从全国取水井密度等级划分情况看：高密度 97 个县，占县级行政区总数的 3%；中高密度 198 个县，占县级行政区总数的 7%；中密度 309 个县，占县级行政区总数的 11%；中低密度 527 个县，占县级行政区总数的 18%；低密度 1737 个县，占县级行政区总数的 61%。

从全国规模以上机电井密度等级划分情况看：高密度 53 个县，占县级行政区总数的 2%；中高密度 112 个县，占县级行政区总数的 4%；中密度 124 个县，占县级行政区总数的 4%；中低密度 224 个县，占县级行政区总数的 8%；低密度 2355 个县，占县级行政区总数的 82%。

从全国规模以下机电井密度等级划分情况看：高密度 36 个县，占县级行政区总数的 1%；中高密度 127 个县，占县级行政区总数的 4%；中密度 201 个县，占县级行政区总数的 7%；中低密度 448 个县，占县级行政区总数的 16%；低密度 2056 个县，占县级行政区总数的 72%。

从全国人力井密度等级划分情况看：高密度 53 个县，占县级行政区总数的 2%；中高密度 114 个县，占县级行政区总数的 4%；中密度 190 个县，占县级行政区总数的 7%；中低密度 465 个县，占县级行政区总数的 16%；低密度 2046 个县，占县级行政区总数的 71%。

省级行政区分县井密度等级分布情况见附表 A5。

从全国范围取水井密度等级划分的分布情况看，高密度、中高密度、中密度、中低密度、低密度五个等级的县级行政区数量总体呈现"金字塔"分布，中密度以下区域较多，中级密度及以上区域较少。其中河南、四川、山东、安徽 4 省中密度及以上县级行政区的数量较多，北京、内蒙古、山西、贵州、西藏、青海、宁夏、新疆 8 省（自治区、直辖市）各县的取水井密度均为中密度以下等级。

省级行政区不同等级取水井密度县数分布情况见图 2-2-2，不同等级取水井密度县数占比情况见图 2-2-3。

从全国范围规模以上机电井密度等级划分情况来看，呈现中密度以下区域范围较大，中密度及以上区域范围明显较小的特点。其中河北、河南 2 省中密度及以上县级行政区的个数明显较多，均超过本省县数一半，山东省中密度及以上县级行政区个数亦较多；安徽、陕西、北京、内蒙古、辽宁、黑龙江、天津、吉林 8 省（自治区、直辖市）绝大部分县级行政区规模以上机电井密度为中级以下，山西、上海、江苏、浙江、江西、福建、湖北、湖南、广东、广西、海南、重庆、四川、贵州、云南、西藏、甘肃、青海、宁夏、新疆 20 省（自治区、直辖市）全部为规模以上机电井密度中级以下地区。不同等级规模以上机电井密度县数占比情况见图 2-2-4，省级行政区不同等级规模以上机

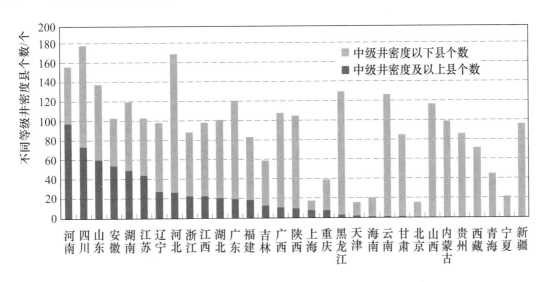

图 2-2-2 省级行政区不同等级取水井密度县数分布

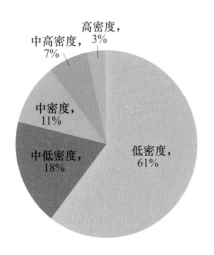

图 2-2-3 不同等级取水井
密度县数占比

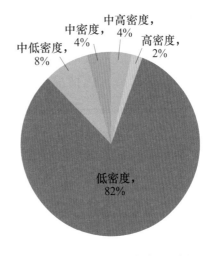

图 2-2-4 不同等级规模以上
机电井密度县数占比

电井密度县数分布情况见图 2-2-5。

北方平原区,尤其是黄淮海平原区,地下水主要通过规模以上机电井进行开采,用途主要为农业灌溉。规模以上机电井密度为中密度及以上的县级行政区主要分布在河北、河南、山东 3 省,其中河北省 87 个中密度及以上的县级行政区中,64 个位于粮食主产区;河南省 105 个中密度及以上的县级行政区中,71 个位于粮食主产区;山东省 63 个中密度及以上的县级行政区中,47 个位于粮食主产区。

从全国范围规模以下机电井密度等级划分情况来看:呈现中密度以下区范

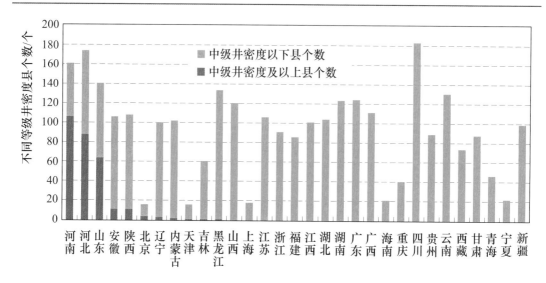

图 2 - 2 - 5　省级行政区不同等级规模以上机电井密度县数分布

围较大，中密度及以上区范围明显较小的特点。其中四川、河南、湖南等省中密度及以上县级行政区的个数相对较多，北京、贵州、海南、青海、宁夏、西藏、内蒙古、上海、新疆 9 省（自治区、直辖市）均为中密度以下区。省级行政区不同等级规模以下机电井密度县数分布情况见图 2 - 2 - 6，不同等级规模以下机电井密度县数占比情况见图 2 - 2 - 7。

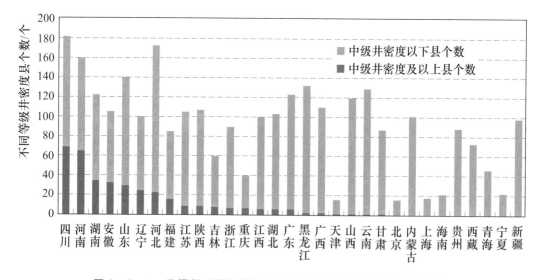

图 2 - 2 - 6　省级行政区不同等级规模以下机电井密度县数分布

　　规模以下机电井主要用途为乡村生活和灌溉，中密度及以上的县级行政区主要分布在四川、河南、湖南、安徽、山东、辽宁、河北、福建等省，其中四川、河南、湖南、安徽、山东、河北 6 省均为人口大省，2010 年各省年末总人口数量均排在全国各省（自治区、直辖市）人口数量的前 8 位以内。

从全国范围人力井密度等级划分情况来看，呈现中密度以下区范围较大，中密度及以上区范围明显较小的特点。其中河南、江苏、安徽、山东4省中密度及以上县级行政区的个数较多，北京、河北、内蒙古、山西、海南、重庆、贵州、青海、西藏、宁夏、新疆等省（自治区、直辖市）的县级行政区全部为中密度以下区。不同等级人力井密度县数占比情况见图2-2-8，省级行政区各县人力井密度分布情况见图2-2-9。

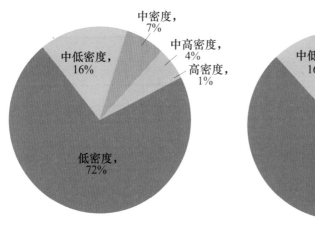

图2-2-7　不同等级规模以下机电井密度县数占比

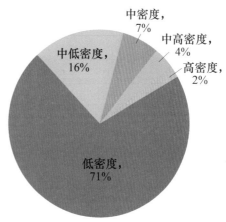

图2-2-8　不同等级人力井密度县数占比

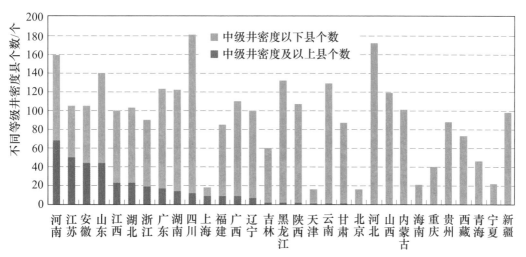

图2-2-9　省级行政区各县人力井密度分布

二、井密度分布特点

（一）水资源一级区

地下水取水井密度与各地的地下水赋存条件、开采需求、开采形式、建设情况等因素密切相关。从水资源一级区来看，取水井密度差异明显，最大值与最小值之比为280，规模以上机电井差异更大，最大值与最小值之比达1130。其中，淮河区地下水取水井密度明显较高，其次是辽河区和海河区，西南诸河区与西北诸河区井密度最低；淮河区和海河区的规模以上机电井密度是全国的绝对高值区，辽河区、黄河区、松花江区是相对高值区，长江区、东南诸河区、珠江区、西南诸河区与西北诸河区规模以上机电井密度明显较低。水资源一级区各类取水井密度情况见表2-2-2。

表2-2-2　　　　　　水资源一级区各类取水井密度

水资源一级区	地下水取水井密度/（眼/km²）			
	合计	规模以上机电井	规模以下机电井	人力井
全国	10.4	0.473	5.25	4.65
北方地区	8.94	0.707	4.69	3.55
南方地区	12.6	0.049	6.08	6.43
松花江区	7.31	0.385	4.60	2.32
辽河区	22.8	1.03	16.3	5.50
海河区	20.2	4.23	12.5	3.49
黄河区	5.79	0.700	2.89	2.20
淮河区	85.0	4.52	37.5	42.9
长江区	18.5	0.071	9.48	8.97
其中：太湖水系	59.3	0.035	10.0	49.2
东南诸河区	12.0	0.028	6.09	5.83
珠江区	12.3	0.056	4.36	7.89
西南诸河区	0.304	0.004	0.071	0.229
西北诸河区	0.304	0.058	0.085	0.161

（二）省级行政区

我国北方地区地表水资源比较缺乏，地下水供水量占经济社会用水总量的比例相对高于南方地区，地下取水井密度相对高于南方地区，尤其是规模以上机电井密度，在北方平原省份明显较大。

从省级行政区看，取水井密度最大的河南、上海、安徽、山东、江苏5省（直辖市），均在55眼/km²以上；新疆、贵州、青海、西藏4省（自治区）取水井密度最小。规模以上机电井密度差异更大，高值区集中在黄淮海地区的河南、山东、河北、北京、天津5省（直辖市），最大的河南省达6.75眼/km²，山东、河北、北京、天津4省（直辖市）亦在2.5眼/km²以上；广东、新疆、广西、湖北、湖南、浙江、江西、上海、福建、四川、云南、贵州、重庆、青海、西藏15省（自治区、直辖市）均在0.1眼/km²以下。省级行政区各类取水井密度统计情况见附表 A6，省级行政区取水井密度和规模以上机电井密度见图 2-2-10、图 2-2-11 和附图 D7、附图 D8，省级行政区规模以下机电井密度分布情况、人力井密度分布情况见附图 D9 和附图 D10。

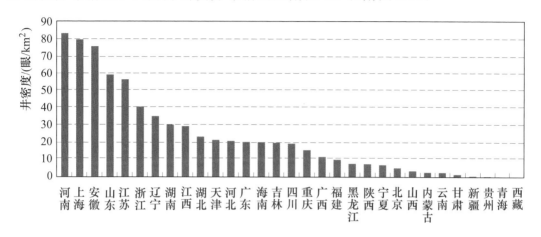

图 2-2-10 省级行政区取水井密度分布

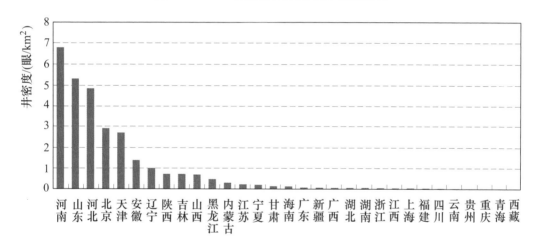

图 2-2-11 省级行政区规模以上机电井密度分布

（三）地貌类型区

我国平原区地下水开采条件较好，经济发展对地下水的需求较大，地下水取水井分布较多、井密度较大。全国不同地貌类型区取水井密度分布特点如下。

（1）全国取水井密度平均为 10.4 眼/km²，其中平原区井密度平均为 18.5 眼/km²，山丘区井密度平均为 6.86 眼/km²，平原区井密度明显高于山丘区。

（2）全国规模以上机电井密度平均为 0.47 眼/km²，其中平原区平均为 1.34 眼/km²，山丘区平均为 0.10 眼/km²，平原区规模以上机电井密度明显大于山丘区。

（3）各省级行政区取水井密度、规模以上机电井密度基本符合平原区大于山丘区的规律。

省级行政区不同地貌类型区取水井密度和规模以上机电井密度见附表A6。省级行政区平原区取水井密度和规模以上机电井密度分布情况见图2-2-12和图2-2-13。

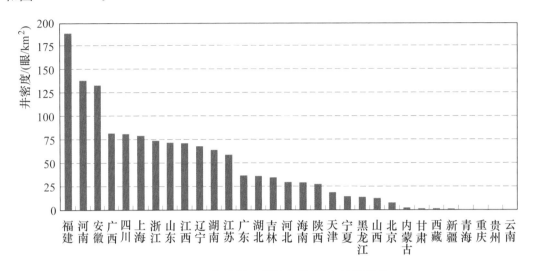

图2-2-12 省级行政区平原区取水井密度分布

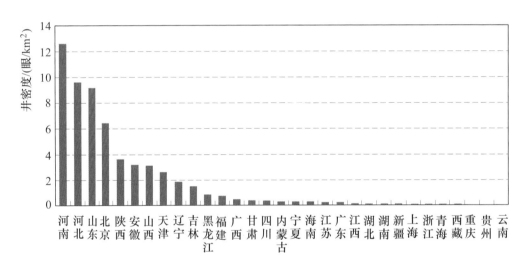

图2-2-13 省级行政区平原区规模以上机电井密度分布

第三节 规模以上机电井建设与管理情况

规模以上机电井是地下水开发利用的主要取水工程,其数量占全国地下水取水井总数的4.6%,但其取水量占全国地下水开采总量的76.6%。本节主要通过分析规模以上机电井的成井时间与井深情况、井壁管材料与运行年数等普查数据，反映地下水取水井工程建设情况；通过分析规模以上机电井的应急备用情况、水量计量设施安装情况等数据，反映规模以上机电井管理情况。

一、成井时间与井深情况

（一）成井时间

全国规模以上机电井成井时间呈现较为明显的年代特征，距离现状较近的年份开凿取水井的数量较多。全国规模以上机电井共有 444.9 万眼，其中 1980 年前成井 35.9 万眼，占规模以上机电井总数的 8.1%；1981—1990 年成井 53.0 万眼，占规模以上机电井总数的 11.9%；1991—2000 年成井 126.6 万眼，占规模以上机电井总数的 28.4%；2001—2011 年成井 229.4 万眼，占规模以上机电井总数的 51.6%。全国规模以上机电井成井时间分布见图 2-3-1。省级行政区规模以上机电井数量按成井时间统计见附表 A7。

（二）井深情况

规模以上机电井井深与地下水埋深、地形地貌、地下水水资源分布等关系密切，呈现较为明显的地域特征，不同区域井深差异较大。全国规模以上机电井数量依井深呈现倒"金字塔"形，井深越大数量越少，84.1% 规模以上机电井井深在 100m 以内。井深在 50m 以内的规模以上机电井数量为 240.8 万眼，占规模以上机电井总数的 54.1%，井深在 50（含）～100m 范围的规模以上机电井数量为 133.5 万眼，占规模以上机电井总数的 30.0%，井深在 100（含）～200m 范围的规模以上机电井数量为 51.5 万眼，占规模以上机电井总数的 11.6%，井深大于 200m（含）的规模以上机电井，占规模以上机电井总数的 4.29%。全国规模以上机电井井深分布情况见图 2-3-2。

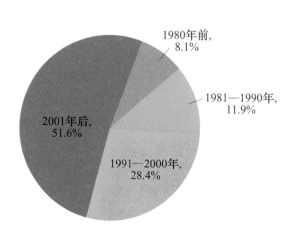

图 2-3-1　全国规模以上机电井
成井时间分布

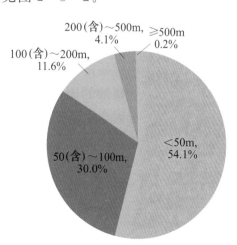

图 2-3-2　全国规模以上机电
井井深分布

各省级行政区规模以上机电井的井深差异较大，总体来说西部地区井深一般较大、中部地区其次，东部地区井深一般较小。其中，浙江、安徽、江西、河南、湖南、四川等省70％以上规模以上机电井井深在50m以内，北京、天津、河北、内蒙古、吉林、西藏、陕西、甘肃等省（自治区、直辖市）规模以上机电井井深大多在50（含）～100m范围，新疆、山西等省（自治区）规模以上机电井井深大多在100（含）～200m范围。省级行政区规模以上机电井数量按井深统计见附表A7。

二、井壁管材料与运行情况

（一）井壁管材料特性

井壁管作为地下水取水井的重要组成部分，对取水井的日常使用、维修养护、使用寿命等影响较大。机电井工程按井壁管材料分为钢管井、铸铁管井、钢筋混凝土管井、混凝土管井、塑料管井等，不同的井壁管材料其适用范围、使用寿命及成本特性差异很大，不同形式、不同取水条件的地下水取水井对井壁管材料的要求也不同。

1. 钢管和铸铁管

钢管、铸铁管是我国传统的成井井壁管材料，使用寿命一般在20年左右，具有耐压强度大、成本相对较高的特点。在以往的设计中，一般根据井的不同成井深度选择钢管或铸铁管，井深200m以内的井一般选择铸铁管或普通钢管，200（含）～1500m之间的井选择普通钢管，井深1500m以上的井一般使用石油套管。

采用钢管或铸铁管作为井壁管材料的最大问题是可能会由于周围环境作用而引起严重腐蚀结垢，造成井壁腐蚀变形、破裂、水井涌沙等问题，致使井管的平均寿命大大缩短，且需要频繁维修，同时对水质、水量造成不良影响。钢管或铸铁管采用优质的防腐蚀材料涂层可有效延长寿命。

影响井壁管腐蚀的因素主要为井壁管管材自身因素和所处的腐蚀环境。从井壁管管材自身因素来看，常温下铸铁管相比于钢管有不易腐蚀、造价低、耐久性好等特点；从腐蚀环境来看，主要有大气（地下水位裸露在空气中的井管部分，一般在0～100m之间）、土壤和地下水水质等方面，其中土壤和地下水环境是井壁管腐蚀的主要介质。

2. 钢筋混凝土管和混凝土管

混凝土管是我国应用最为广泛的井壁管管材，具有成本低、适用于各种环境的优点，使用寿命一般为10～15年。在其使用过程中，不断受到自然环境和物理效应互相作用，混凝土管会发生碱-骨料反应、碳酸盐侵蚀、氢氧化钙析出等现象，严重时混凝土强度和耐久性逐步降低，在未达到服务设计年限的情况下便出现开裂、变形等局部破坏，有部分管井达不到应有的使用寿命，实际使用寿命大为缩短。例如在宁夏、内蒙古等西部地区，地下水中富含氯离子和硫酸根离子等侵蚀性介质，混凝土管长期遭受有害环境的化学侵蚀，大大缩短了其使用寿命。

钢筋混凝土管强度大于普通混凝土管，但成井成本相应增加，且还会因有害物质的侵入导致钢筋锈蚀而引起膨胀，而该膨胀力会引起混凝土的开裂，加剧井壁管结构的损坏。

在使用混凝土管和钢筋混凝土管作为井壁管时，应注意对原材料、生产工艺以及施工水平严格要求，并对成井地区的有害环境进行合理的分析与评估。

3. 塑料管

塑料管因具有成本低、重量轻、成井速度快、水密性和水力性能好、不腐蚀结垢、寿命长（一般在 20 年以上，理论值可达 50 年）、不污染水质等优点，在我国具有广泛的推广前景。但因该材料密度较小、强度较弱，导致在应用过程中存在成井深度浅且下入困难（尤其井深是超过 100m 时）、运输、下管、投砾和洗井抽水过程中井壁管爆裂等问题。

（二）井壁管材料情况

本次普查对规模以上机电井井壁管材料进行了普查，将井壁管分为钢管、铸铁管、钢筋混凝土管、塑料管、混凝土管、其他六大类型。规模以上机电井井壁管情况如下。

全国规模以上机电井 444.9 万眼，其中混凝土管机电井最多，为 321.3 万眼，占规模以上机电井总数的 72.2%；其次是钢筋混凝土管机电井，为 48.4 万眼，占规模以上机电井总数的 10.9%；井壁管为钢管、铸铁管、塑料管及其他材料的规模以上机电井数量共 75.2 万眼，占规模以上机电井总数的 16.9%。

从东、中、西部地区的分布情况来看，规律与全国基本一致，即各地区绝大部分规模以上机电井的井壁管材料为混凝土管或钢筋混凝土管，其他材料占

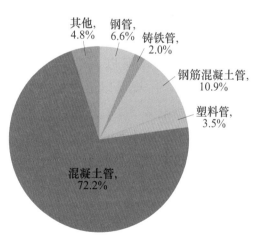

图 2-3-3　全国规模以上机电井各类井壁管材料数量占比

比少，其中西部地区钢管井、钢筋混凝土管井比例明显高于全国。全国规模以上机电井按井壁管材料分类占比见表 2-3-1 和图 2-3-3。

表 2-3-1　　　　全国规模以上机电井按井壁管材料分类占比

区域	各类井壁管材料机电井数量占比/％						
	合计	钢管	铸铁管	钢筋混凝土管	塑料管	混凝土管	其他
全国	100	6.55	2.02	10.9	3.53	72.2	4.81
东部地区	100	4.68	1.77	10.0	1.74	75.7	6.09
中部地区	100	4.53	1.89	8.82	5.40	75.8	3.56
西部地区	100	17.2	3.09	18.6	3.92	53.0	4.27

从行政分区看，河北、内蒙古、安徽、山东、河南、陕西和宁夏7省（自治区）规模以上机电井中混凝土管占比均超过50％；上海、贵州、青海和西藏4省（直辖市）规模以上机电井中钢管占比超过50％；其他省份多以混凝土管或钢筋混凝土管为主。省级行政区规模以上机电井数量按井壁管材料统计成果见附表A8。

（三）机电井运行年数

规模以上机电井运行年数是指自成井时间开始起算至2011年的实际运行年数。地下水取水井的实际运行年数不同、井壁管材料不同，剩余使用年限不尽相同。一般来说，钢管、铸铁管机电井的使用寿命在20年左右，使用优质的防腐蚀涂层等措施可有效延长使用寿命，混凝土管、钢筋混凝土管机电井的使用寿命在10～15年，塑料管机电井的使用寿命在20年以上，理论值可到50年。各类材料井壁管实际使用寿命与土壤、井深、地下水埋深与水质、空气环境、温度等多种因素密切相关，良好的维护可有效延长使用寿命。

依据普查成果分析，规模以上机电井工程实际运行年数情况如下。

（1）全国规模以上机电井中，运行年数为10（含）～20年的机电井126.6万眼，占规模以上机电井数量的比例最大，为43.5％；运行年数20年及以上的机电井88.9万眼，占规模以上机电井数量的比例次之，为30.5％；运行年数10年以下的机电井75.5万眼，占规模以上机电井数量的26.0％；规模以上机电井不同运行年数井数量占比见图2-3-4，不同井壁管材料的规模以上机电井运行年数占比见图2-3-5～图2-3-9。

（2）从不同的井壁管材料分类统计来看：井壁管材料为钢管、铸铁管的规模以上机电井中，运行年数20年及以上的比例分别为16.9％、28.8％；井壁管材料为混凝土管、钢筋混凝土管的规模以上机电井中，运行年数10年及以上的比例分别为96.5％、40.9％，运行年数20年及以上的比例分别为37.1％、17.1％；井壁管材料为塑料管的规模以上机电井中，运行年数20年及以上的比例仅2.5％，这与塑料管为新型材料，推广用于取水井井壁管的时

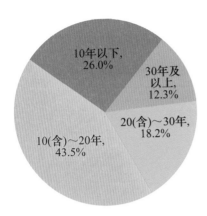

图 2-3-4　规模以上机电井
不同运行年数井数占比

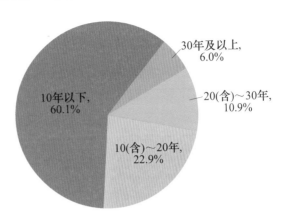

图 2-3-5　规模以上钢管机电井
不同运行年数井数占比

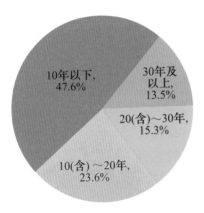

图 2-3-6　规模以上铸铁管机电井
不同运行年数井数占比

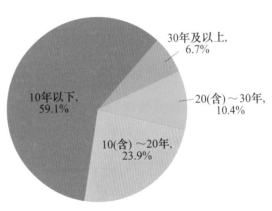

图 2-3-7　规模以上钢筋混凝土管机电井
不同运行年数井数占比

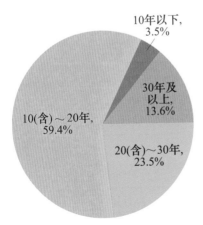

图 2-3-8　规模以上混凝土管机电井
不同运行年数井数占比

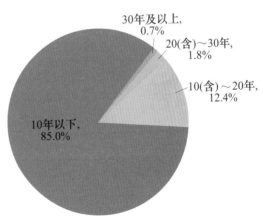

图 2-3-9　规模以上塑料管机电井
不同运行年数井数占比

间较短有关。全国不同井壁管材料规模以上机电井投入运行时间统计见表 2－3－2，省级行政区各类井壁管材料机电井数量按运行年数汇总成果见附表 A9。

表 2－3－2　不同井壁管材料规模以上机电井不同运行年数井数占比

机电井类型	不同运行年数井数占比/%			
	30 年及以上	20（含）～30 年	10（含）～20 年	10 年以下
平均	12.3	18.2	43.5	26.0
钢管井	6.0	10.9	22.9	60.1
铸铁管井	13.5	15.3	23.6	47.6
钢筋混凝土管井	6.7	10.4	23.9	59.1
混凝土管井	13.6	23.5	59.4	3.5
塑料管井	0.7	1.8	12.4	85.0
其他材料井	32.2	17.9	22.4	27.6

三、机电井管理情况

（一）自备井情况

本次普查对规模以上自备水井的情况进行了全面调查，自备井是指用水单位为满足本单位及周边单位、居民用水要求而自建的水井。本次普查的 444.9 万眼规模以上机电井中，自备井为 29.3 万眼，占规模以上机电井总数的 6.6%，2011 年取水量为 143.43 亿 m³，占规模以上机电井总取水量的 17.3%；规模以上机电井中非自备井数量为 415.7 万眼，占规模以上机电井总数的 93.4%，2011 年取水量为 684.09 亿 m³，占规模以上机电井总取水量的 82.7%。全国规模以上机电井自备井情况汇总成果见表 2－3－3。

表 2－3－3　全国规模以上机电井管理情况汇总成果

分　类		井　数		2011 年取水量	
		合计/眼	占比/%	合计/万 m³	占比/%
合　计		4449325	100	8275120	100
按是否为单位自备井分	自备井	292720	6.6	1434255	17.3
	非自备井	4156605	93.4	6840865	82.7
按应用状况分	日常使用	4241296	95.3	8127496	98.2
	应急备用	208029	4.7	147624	1.8
按是否安装水量计量设施分	已安装	281816	6.3	1710697	20.7
	未安装	4167509	93.7	6564423	79.3

从取水用途来看，自备井比例最高的是工业井，为 83.4%，其次为城镇生活井，为 68.7%，乡村生活井中单位自备井所占比例为 20.7%。规模以上工业井多为生产单位为满足自身的生产需求而自建水井，规模以上城镇生活井很多属于自来水厂所管辖，所以工业井和城镇生活井的自备比例较高。2011年自备井取水量比例约占工业和生活用地下水量的 40%。不同取水用途的规模以上机电井管理情况汇总成果见表 2-3-4。

表 2-3-4 不同取水用途的规模以上机电井管理情况汇总成果

分用途	井数占比/%			取水量直接计量比例/%
	自备井比例	应急备用井比例	水量计量设施安装率	
全国	6.6	4.7	6.3	30.3
城镇生活	68.7	11.9	56.4	71.6
乡村生活	20.7	7.3	30.3	40.4
工业	83.4	8.1	48.4	67.5
农业灌溉	3.1	4.3	3.3	6.2

从省级行政区看，各省井数量和取水量占本省的比例差异较大，自备井数量比例最大为 66.3%（浙江省），最小为 2.3%（河北省）；自备井 2011 年取水量比例最大为 72.6%（浙江省），最小为 5.1%（黑龙江省）。省级行政区规模以上机电井自备井情况见附表 A10。

（二）水井应用状况

根据水井的应用状况将取水井分为日常使用井和应急备用井。应急备用井是指一般年份不取水，仅在特殊干旱年份或突发公共供水事件时才启用以及平时封存备用的水井；日常使用井是指除应急备用井以外的水井。

从规模以上机电井应用状况看，大部分规模以上机电井均为日常使用井，应急备用井数量及 2011 年取水量占比较低。其中规模以上机电井中日常使用井数量为 424.1 万眼，占规模以上机电井总数的 95.3%，日常使用井 2011 年取水量为 812.75 亿 m³，占规模以上机电井取水总量的 98.2%；规模以上机电井中应急备用井数量为 20.8 万眼，占规模以上机电井总数的 4.7%，2011年取水量为 14.76 亿 m³，占规模以上机电井取水总量的 1.8%。全国规模以上机电井管理情况汇总成果见表 2-3-3。

从不同取水用途来看，应急备用比例最低的是规模以上农业灌溉井，为 4.3%；其次应急备用比例由低到高依次为规模以上乡村生活井、规模以上工业井、规模以上城镇生活井，应急备用比例分别为 7.3%、8.1%、11.9%。

不同取水用途的规模以上机电井管理情况汇总成果见表 2-3-4。

从省级行政区看，各省应急备用井比例差异较大，应急备用井数量比例最大为 37.0%（上海市），最小为 1.52%（河南省）。省级行政区规模以上机电井应急备用情况见附表 A10。

（三）开采计量情况

本次普查规模以上机电井的开采量采用两种方式进行计量，一种是采用水量计量设施进行直接计量，水量计量设施包括水表、流速仪、堰槽及其他四种类型，其中最常见的水量计量设施为水表；另一种是通过计量耗油量、耗电量或开泵时数，间接计量地下水开采量。

本次普查规模以上机电井中，安装了水量直接计量设施的有 28.2 万眼，占规模以上机电井总数的 6.3%，其 2011 年取水量为 171.07 亿 m^3，占规模以上机电井取水总量的 20.7%。通过计量用电量、用油量和开泵时间进行开采量间接计量的规模以上机电井数量为 416.8 万眼，占规模以上机电井总数的 93.7%，其 2011 年取水量为 656.44 亿 m^3，占规模以上机电井取水总量的 79.3%。全国规模以上机电井管理情况汇总成果见表 2-3-3。从不同取水用途来看，规模以上城镇生活井、工业井的水量直接计量设施安装率较高，分别为 56.4%、48.4%，其相应直接计量水量所占的比例分别为 71.6%、67.5%；规模以上乡村生活井的水量直接计量设施安装率次之为 30.3%，其相应直接计量水量所占的比例为 40.4%，规模以上农业灌溉井的水量直接计量设施安装率最低，仅为 3.3%，其相应直接计量水量所占的比例为 6.2%。不同取水用途的规模以上机电井管理情况汇总成果见表 2-3-4。

从省级行政区看，上海市规模以上机电井水量直接计量设施安装率最高为 100%，其次为 48.9%（甘肃省），最低为 2.4%（河北省）；上海市规模以上机电井 2011 年取水量的计量水量比例为 100%，其次为 77.4%（江苏省），最低为 6.4%（黑龙江省）。省级行政区规模以上机电井计量设施安装情况见附表 A10。

各省级行政区管理指标见图 2-3-10～图 2-3-12。

（四）不同用途井管理情况

1. 城镇生活井

对于取水用途为城镇生活的规模以上机电井，依据本次普查数据进行了管理相关指标的统计分析，具体如下。

（1）全国城镇生活井中单位自备井比例为 68.7%，其中单位自备井比例高于 80% 的有天津、福建、湖北、广西、海南、云南 6 省（自治区、直辖市），西藏、青海、宁夏、上海 4 省（自治区、直辖市）单位自备井比例较低。

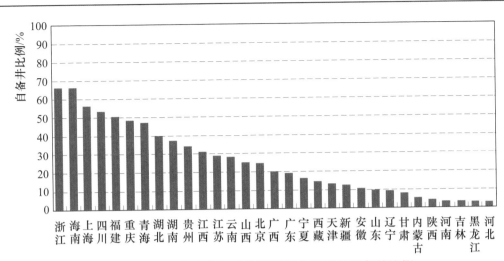

图 2-3-10 各省级行政区规模以上机电井自备井比例

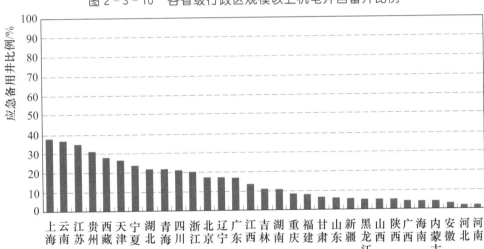

图 2-3-11 各省级行政区规模以上机电井应急备用比例

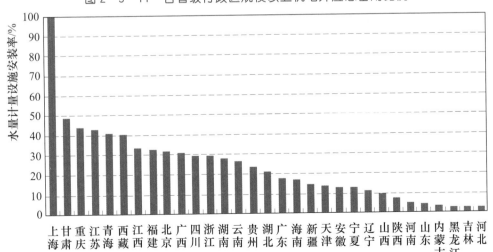

图 2-3-12 各省级行政区规模以上机电井水量计量设施安装率

（2）从应用状况来看，城镇生活井中日常使用的规模以上机电井数量占88.1%，是应急备用规模以上机电井数量的7倍以上，日常使用井比例较高的有广西、河南、西藏、黑龙江4省（自治区），应急备用井比例较高的有天津、上海2直辖市。

（3）从水量计量设施安装情况看，城镇生活井中有水量计量设施的规模以上机电井数量占56.4%，计量水量占2011年城镇生活井地下水取水量的71.6%。其中，上海市155眼规模以上城镇生活供水机电井，计量设施安装率为100%，城镇生活井中水量计量设施安装率较高的省级行政区依次还有天津、江苏、北京3省（直辖市），分别为78.8%、77.3%、71.1%，水量计量设施安装率较低的有海南、重庆2省（直辖市），水量计量设施安装率均为33.3%；从直接计量水量占比来看，最高的是上海市，计量水量为100%，其次是浙江、江苏、安徽、天津、山东5省（直辖市），城镇生活井直接计量水量比例均高于85%，西藏、海南、广东3省（自治区）城镇生活直接计量水量所占的比例较低。

省级行政区规模以上城镇生活井管理情况统计见附表A11。

2. 乡村生活井

对于取水用途为乡村生活的规模以上机电井，依据本次普查数据进行了管理相关指标的统计分析，具体如下。

（1）乡村生活井中单位自备井比例为20.7%，其中浙江、湖北、海南、四川4省超过50%的乡村生活井为单位自备井，吉林、黑龙江、上海、陕西、甘肃5省（直辖市）乡村生活井中自备井比例较低，其中上海市仅20眼乡村生活井，均非单位自备井。

（2）从应用状况来看，日常使用的乡村生活井数量占92.7%，是应急备用规模以上机电井数量的12倍以上，日常使用的乡村生活井比例较高的有内蒙古、吉林、上海、江西、河南、湖南、广东、广西、海南、四川、西藏、陕西12省（自治区、直辖市），均在95%以上，乡村生活井中应急备用井比例较高的有贵州、天津2省（直辖市）。

（3）从水量计量设施安装情况看，乡村生活井中有水量计量设施的占30.3%，其取水量占2011年乡村生活井总取水量的40.4%。乡村生活井水量计量设施安装率最高的为上海市，20眼规模以上乡村生活供水机电井全部安装了水量计量设施，江苏、西藏、安徽、江西4省（自治区）水量计量设施安装率较高，分别为68.0%、64.9%、61.5%、61.1%，吉林、黑龙江2省水量计量设施安装率较低，分别为8.7%、12.3%；从乡村生活井直接计量水量比例看，上海市最高为100%，江苏、安徽、江西3省直接计量水量比例较高，分别为 73.6%、72.0%、69.7%，内蒙古、辽宁、黑龙江、贵州 4 省（自治区）乡村生活的直接计量水量比例较低。

省级行政区规模以上乡村生活井管理情况统计见附表 A11。

3. 工业井

对于取水用途为工业用水的规模以上机电井，依据本次普查数据进行了管理相关指标的统计分析，具体如下。

（1）全国工业井中单位自备井比例为 83.4%。其中，辽宁、吉林、黑龙江、上海、江苏、浙江、福建、湖北、海南、四川、贵州 11 省（直辖市）超过 90% 的工业井为单位自备井，河北、内蒙古、西藏、新疆 4 省（自治区）工业井中单位自备井比例相对较低，但也在 71.0% 以上。

（2）从应用状况来看，日常使用的规模以上工业井数量占 91.9%，是应急备用的规模以上工业井数量的 11 倍以上。河北、江西、河南、广西、海南、西藏 6 省（自治区）超过 95% 的工业井均为日常使用，应急备用比例不到 5%，工业井应急备用比例较高的有北京、天津、上海 3 个直辖市。

（3）从水量计量设施安装情况看，有水量计量设施的规模以上工业井数量占 48.4%，其取水量占 2011 年规模以上工业井总取水量的 67.5%。上海市 72 眼规模以上工业供水机电井全部安装了水量计量设施，江苏、天津、北京、青海 4 省（直辖市）工业井的水量计量设施安装率较高，分别为 82.9%、82.8%、67.6%、65.0%，河北、辽宁、湖南、海南、重庆、贵州 6 省（直辖市）工业井的水量计量设施安装率较低，均在 35% 以下。从规模以上工业井直接计量水量比例看，上海市最高为 100%，天津、江苏、宁夏 3 省（自治区、直辖市）工业井的直接计量水量比例较高，分别为 95.6%、90.4%、85.4%，西藏、湖南 2 省（自治区）规模以上工业井的直接计量水量比例较低。

省级行政区规模以上工业井管理情况统计见附表 A11。

4. 农业灌溉井

对于取水用途为农业灌溉的规模以上机电井，依据本次普查数据进行了管理相关指标的统计分析，总体来说规模以上农业灌溉井应急备用比例、水量直接计量比例、取水许可办理率相对较低，具体如下。

（1）从应用状况来看，规模以上农业灌溉井中 95.7% 用于日常使用，应急备用井比例仅 4.3%，应急备用井比例较高的有江苏、浙江、西藏、云南 4 省（自治区）。

（2）从水量计量设施安装情况看，规模以上农业灌溉井中有水量计量设施的仅占 3.3%，其取水量占 2011 年规模以上农业灌溉井总取水量的 6.2%。甘肃省规模以上农业灌溉井中水量计量设施安装率最高为 49.4%，其次是西藏、湖南 2 省（自治区），分别为 27.0%、20.8%，天津、河北、吉林、黑龙江、江苏、重庆、宁夏 7 省（自治区、直辖市）水量计量设施安装率小于 1.0%；从规模以上农业灌溉井的直接计量水量比例看，甘肃、湖南 2 省直接计量水量比例较高，分别为 51.2%、31.9%，天津、河北、辽宁、吉林、黑龙江、江苏、重庆 7 省（直辖市）农业灌溉井的直接计量水量比例低于 1.0%。

取水用途为农业灌溉的规模以上机电井管理情况见附表 A11。

第三章 地下水开发利用情况

地下水是水资源的重要组成部分，是维系生态环境的控制性要素，是经济社会供水保障体系的重要组成部分，在城市供水、农村饮水、农田灌溉、工业生产等方面发挥着十分重要的作用，在特殊干旱年份或遭遇突发事件时也是抗旱和应急供水的重要水源。本章通过对地下水开采量、开采强度、开采程度、利用水平等指标的分析，反映了我国年地下水开发利用的情况。

第一节 地下水开采量及分布

地下水开采在全国范围广泛分布但又分布不均，呈现明显的地域特点。本节主要对全国地下水开采量的总体情况，不同类型取水井的取水量情况、不同地下水类型、地下水用途的取水量情况，地下水计量情况进行了综合分析。

一、地下水开采量

（一）地下水开采总量

2011 年地下水开采总量等于规模以上机电井取水量、规模以下机电井取水量与人力井取水量三者之和。2011 年全国地下水开采总量为 1081.25 亿 m³，其中规模以上机电井开采量为 827.51 亿 m³，占地下水开采总量的 76.6%；规模以下机电井开采量为 210.20 亿 m³，占地下水开采总量的 19.4%；人力井地下水开采量为 43.54 亿 m³，占地下水开采总量的 4.0%。各类地下水取水井 2011 年地下水开采量占比情况见图 3-1-1。

从地貌类型区看，山丘区地下水开采量较少，为 212.22 亿 m³，占 2011 年地下水开采总量的 19.6%；平原区地下水开采量较多，为 869.03 亿 m³，占地下水开采总量的 80.4%。

从地下水类型看，浅层地下水开采量为 986.92 亿 m³，占 2011 年地下水开采总量的 91.3%；深层承压水开采量为 94.33 亿 m³，占 2011 年地下水开采总量的 8.7%。

从地下水开采用途看，农业灌溉开采水量最多，为 752.80 亿 m³，占地下水开采总量的 69.6%；乡村生活供水开采水量其次，为 169.53 亿 m³，占地下水开采总量的 15.7%；城镇生活供水开采水量 85.33 亿 m³，占地下水开采总量的 7.9%；工业供水开采水量 73.59 亿 m³，占地下水总取水量的 6.8%。全国不同用途地下水开采量占比情况见图 3-1-2。

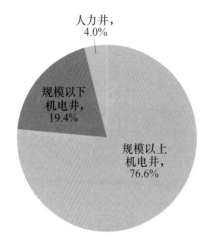

图 3-1-1　全国各类取水井
2011 年开采地下水量占比

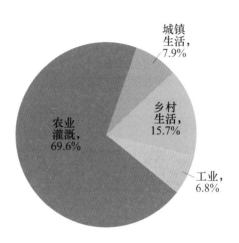

图 3-1-2　全国不同用途
地下水开采量占比

从计量情况看，地下水开采量中采用水表、堰槽等计量设施直接计量的水量为 171.07 亿 m³，占地下水开采总量的 15.8%；采用耗电量法、耗油量法、出水量法间接计量的水量为 656.44 亿 m³，占地下水开采总量的 60.7%；采用定额法或典型调查法调查推算的水量为 253.74 亿 m³，占地下水开采总量的 23.5%。全国 2011 年地下水开采量及分类汇总成果见表 3-1-1。

表 3-1-1　　　　　全国 2011 年地下水开采量及分类汇总成果

分　类		取水量/亿 m³	占比/%
合　计		1081.25	100
按取水井类型分	规模以上机电井	827.51	76.6
	规模以下机电井	210.20	19.4
	人力井	43.54	4.0
按地貌类型分	山丘区	212.22	19.6
	平原区	869.03	80.4
按地下水类型分	浅层地下水	986.92	91.3
	深层承压水	94.33	8.7
按取水用途分	灌溉	752.80	69.6
	乡村生活	169.53	15.7
	城镇生活	85.33	7.9
	工业	73.59	6.8
按计量情况分	直接计量	171.07	15.8
	间接计量	656.44	60.7
	调查推算	253.74	23.5

（二）规模以上机电井地下水开采量

本次普查全国规模以上机电井 444.9 万眼，其 2011 年地下水开采量为 827.51 亿 m^3，分别占全国地下水取水井总数和地下水开采总量的 4.6％和 76.6％；其中，规模以上灌溉机电井 406.6 万眼，其 2011 年地下水开采量 613.15 亿 m^3，分别占全国规模以上机电井数量和规模以上机电井地下水开采量的 91.4％和 74.1％；规模以上供水机电井 38.3 万眼，其 2011 年地下水开采量 214.36 亿 m^3，分别占全国规模以上机电井数量和规模以上机电井地下水开采量的 8.6％和 25.9％。

从地貌类型区看，规模以上机电井 2011 年在平原区的地下水开采量明显多于山丘区。其中，平原区规模以上机电井 2011 年地下水开采量为 698.85 亿 m^3，占规模以上机电井开采地下水量的 84.5％；山丘区规模以上机电井 2011 年地下水开采量 128.66 亿 m^3，占规模以上机电井开采地下水量的 15.5％。

从地下水类型看，规模以上机电井 2011 年浅层地下水开采量为 733.18 亿 m^3，占规模以上机电井地下水开采量的 88.6％；深层承压水开采量为 94.33 亿 m^3，占规模以上机电井地下水开采量的 11.4％。

从地下水开采用途看，规模以上机电井开采地下水主要用于农业灌溉。其中，规模以上机电井 2011 年开采地下水 613.15 亿 m^3 用于农业灌溉，占规模以上机电井地下水开采量的 74.1％；其次是用于生活供水和工业供水。全国规模以上机电井 2011 年地下水开采量及分类汇总成果见表 3-1-2。

表 3-1-2　　全国规模以上机电井 2011 年地下水开采量及分类汇总成果

分　类		取水量/亿 m^3	占比/％
合　计		827.51	100
按地貌类型分	山丘区	128.66	15.5
	平原区	698.85	84.5
按地下水类型分	浅层地下水	733.18	88.6
	深层承压水	94.33	11.4
按取水用途分	灌溉	613.15	74.1
	乡村生活	55.45	6.7
	城镇生活	85.33	10.3
	工业	73.58	8.9

（三）规模以下机电井及人力井地下水开采量

本次普查全国规模以下机电井为 4936.8 万眼，2011 年地下水开采量 210.20 亿 m^3，分别占全国地下水取水井总数和全国地下水开采总量的

50.6%、19.5%。其中，规模以下灌溉机电井 441.3 万眼，2011 年地下水开采量 139.65 亿 m³，分别占全国规模以下机电井数量和全国规模以下机电井地下水开采量的 8.9%、66.4%；规模以下供水机电井 4495.5 万眼，2011 年地下水开采量为 70.55 亿 m³，分别占全国规模以下机电井数量和全国规模以下机电井地下水开采量的 91.1%、33.6%。

全国人力井数量为 4366.2 万眼，2011 年地下水开采量为 43.54 亿 m³，分别占全国地下水取水井总数和全国地下水开采总量的 44.8%、4.0%。

从地貌类型区看，平原区规模以下机电井及人力井 2011 年地下水开采量为 170.18 亿 m³，占比 67.1%；山丘区规模以下机电井及人力井 2011 年地下水开采量 83.56 亿 m³，占比 32.9%。

从地下水开采用途看，规模以下机电井及人力井开采地下水主要用于农业灌溉。其中，规模以下机电井及人力井 2011 年开采地下水 139.65 亿 m³ 用于农业灌溉，占规模以下机电井及人力井地下水开采量的 55.0%；其次是用于生活供水和工业供水。全国规模以下机电井及人力井 2011 年地下水开采量见表 3-1-3。

表 3-1-3   全国规模以下机电井及人力井 2011 年地下水开采量

分　　类		取水量/亿 m³	占比/%
合　　计		253.74	100
按取水井类型	规模以下机电井	210.20	82.8
	人力井	43.54	17.2
按地貌类型分	山丘区	83.56	32.9
	平原区	170.18	67.1
按取水用途分	灌溉	139.65	55.0
	供水	114.09	45.0

二、开采量分布

我国地下水开采量呈北方多、南方少的显著特点。北方地区 2011 年地下水开采量 964.50 亿 m³，占全国地下水开采总量的 89.2%；南方地区 2011 年地下水开采量 116.75 亿 m³，占全国地下水开采总量的 10.8%。

（一）水资源一级区

水资源一级区中，海河区 2011 年地下水开采量最多，占全国地下水开采总量的 20.8%；其次是松花江区，占全国地下水开采总量的 18.0%，南方各区明显较少。水资源一级区 2011 年地下水开采量汇总成果见表 3-1-4，水资源一级区地下水开采量分布情况见图 3-1-3 和图 3-1-4。

表 3-1-4 水资源一级区 2011 年地下水开采量 单位：万 m³

水资源一级区	合计	按取水井类型分			按地下水类型分		按取水用途分	
		规模以上机电井	规模以下机电井	人力井	浅层地下水	深层承压水	灌溉	供水
全国	10812483	8275120	2102020	435343	9869200	943283	7528038	3284445
北方地区	9644956	7842774	1638045	164137	8751470	893486	7260916	2384040
南方地区	1167527	432346	463975	271206	1117730	49797	267122	900406
松花江区	1941600	993901	925465	22234	1806834	134765	1669176	272423
辽河区	1015755	697736	300520	17499	1005447	10308	709166	306589
海河区	2251512	2155758	86821	8932	1836186	415326	1645543	605968
黄河区	1217620	1139774	65508	12337	1097042	120578	821845	395775
淮河区	1598818	1264700	237278	96840	1387828	210989	986660	612158
长江区	738597	269135	293543	175918	714574	24023	155265	583331
其中：太湖流域	15423	4109	3508	7807	13736	1687	606	14817
东南诸河区	100977	24740	59651	16586	100606	371	15355	85622
珠江区	307503	121679	108866	76958	282171	25332	91643	215860
西南诸河区	20451	16792	1915	1744	20379	71	4858	15592
西北诸河区	1619652	1590905	22452	6294	1618133	1519	1428525	191127

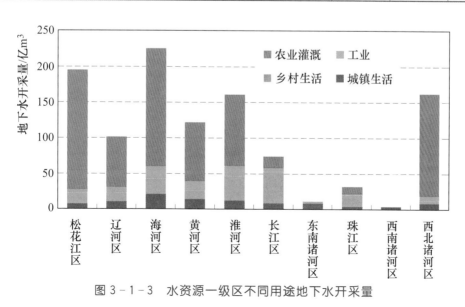

图 3-1-3 水资源一级区不同用途地下水开采量

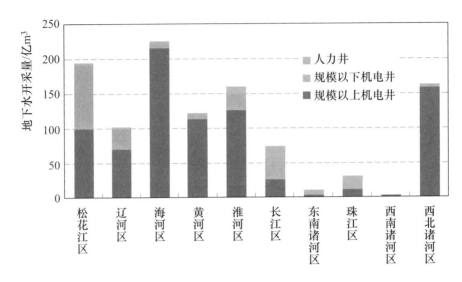

图 3-1-4　水资源一级区不同规模取水井地下水开采量

（二）省级行政区

各省级行政区 2011 年地下水开采量差异较大，地下水开采主要集中在黄淮海地区、东北地区各省和西北地区的新疆维吾尔自治区。其中，地下水开采量较多的黑龙江、河北、新疆、河南、山东、内蒙古 6 省（自治区），2011 年合计开采地下水 706.82 亿 m³，占全国地下水开采总量的 65.4%。省级行政区地下水开采量及各分类取水井地下水开采量汇总成果见附表 A12，省级行政区地下水开采量分布情况见图 3-1-5、图 3-1-6 和附图 D11。

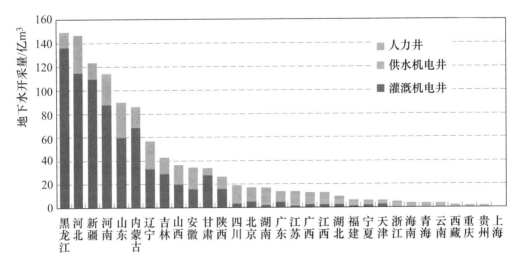

图 3-1-5　省级行政区不同用途地下水开采量

从各省级行政区地下水取水用途来看，北方大部分省份地下水开采超过一半用于农业灌溉，而南方大部分省份地下水开采主要用于城镇生活或乡村生

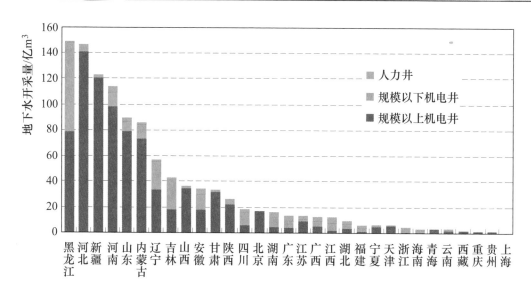

图3-1-6　省级行政区不同规模取水井地下水开采量

活。各省级行政区地下水开采用途呈现如下特点。

（1）地下水开采量中用于农业灌溉的比例最高的是黑龙江省，为92%，新疆、甘肃、内蒙古3省（自治区）地下水开采量中农业灌溉比例均超过80%，河北、河南、吉林、山东、陕西、辽宁、山西7省地下水开采量中农业灌溉比例均超过50%。

（2）北京、上海、青海、西藏4省（自治区、直辖市）地下水开采量主要用于城镇生活，其中青海省地下水用于城镇生活的比例高达52%；重庆、江苏、浙江、福建等13个省（自治区、直辖市）地下水开采量主要用于乡村生活，其中重庆市地下水用于乡村生活的比例高达91%；全国各省级行政区地下水用于工业的比例相对较低。

省级行政区2011年地下水开采量、开采用途成果见附表A12。

第二节　地下水开发利用程度

本节以地下水取水井专项普查数据为基础，结合经济社会用水情况调查、第二次全国水资源调查评价和全国水资源综合规划等成果，对地下水开采模数、地下水开采系数、井灌区地下水亩均取水量、地下水供水占经济社会用水比例等指标进行了综合分析。

一、地下水开采模数

地下水开采模数是指单位面积上的地下水开采量，可以直观地反映地下水开采强度的区域分布特点。本次以县级行政区为基本计算单元对 2011 年地下水开采模数进行了分析计算，并采用统计学的聚类分析法对地下水开采模数进行了聚类分析，分别划分为高强度、中高强度、中强度、中低强度、低强度五个等级，为科学分析地下水开采模数的分布特点提供了基础；同时，以水资源一级区、省级行政区、地貌类型区为单元对地下水开采模数的区域特点进行了分析。

（一）开采模数等级划分

1. 等级划分标准

基于地下水取水井专项普查的基础数据，以县级行政区为基本单元计算全国 2011 年地下水开采模数。2011 年全国平均地下水开采模数为 1.2 万 $m^3/(km^2 \cdot a)$，其中浅层地下水开采模数为 1.0 万 $m^3/(km^2 \cdot a)$，全国各县级行政区地下水开采模数范围为 $0 \sim 96.1$ 万 $m^3/(km^2 \cdot a)$。省级行政区地下水开采模数基本情况统计见附表 A13。

为了进一步分析揭示地下水开采模数在全国的分布特点与规律，采用聚类分析法对地下水开采模数进行等级划分，聚类分析法的原理和计算方法详见井密度等级划分相关文字。本书以全国各县级行政区地下水开采模数为对象集合，采用聚类分析法进行分类，并结合地下水开采模数指标的特点和精度要求，确定地下水开采模数的等级划分标准，浅层地下水开采模数等级划分采用与地下水开采模数相同的标准，地下水开采模数等级划分标准见表 3-2-1。

表 3-2-1　　　　　　　地下水开采模数等级划分标准　　　单位：万 $m^3/(km^2 \cdot a)$

强度类型	低强度	中低强度	中强度	中高强度	高强度
地下水开采模数	<4	4（含）～10	10（含）～18	18（含）～30	≥30
浅层地下水开采模数	<4	4（含）～10	10（含）～18	18（含）～30	≥30

2. 等级划分

依据上述方法确定的地水开采模数等级划分标准，将本次普查各县级行政区的地下水开采模数划分为高强度、中高强度、中强度、中低强度、低强度五个等级，各强度等级的县级行政区数量呈现"金字塔"形特点。其中，2011 年地下水开采模数为高强度的县级行政区 47 个，占县级行政区总数的 2%；地下水开采模数为中高强度的县级行政区 89 个，占县级行政区总数的 4%；地下水开采模数为中强度的县级行政区 166 个，占县级行政区总数的 6%；地下水开采模数为中低强度的县级行政区 311 个，占县级行政区总数的 11%；地下水开采模数为低强度的县级行政区 2255 个，占县级行政区总数的 77%。

全国2011年地下水开采模数为中等强度及以上的县级行政区共计302个，主要分布在河北、河南、山东、辽宁、内蒙古、黑龙江6省（自治区），多位于黄淮海平原、东北平原地区。河北省地下水开采模数为中强度及以上的县级行政区有101个，其中59个为粮食主产县；河南省地下水开采模数为中强度及以上的县级行政区有70个，其中27个为粮食主产县；山东省地下水开采模数为中强度及以上的县级行政区有28个，其中11个为粮食主产县；辽宁省地下水开采模数为中强度及以上的县级行政区有18个，其中4个为粮食主产县；黑龙江省地下水开采模数为中强度及以上的县级行政区有12个，其中9个为粮食主产县。

全国2011年浅层地下水开采模数为中强度及以上的238个县主要分布在河北、河南、山东、辽宁、内蒙古、黑龙江6省（自治区），黄淮海平原、东北平原分布较多。河北省浅层地下水开采模数为中强度及以上的县级行政区有76个，其中49个为粮食主产县；河南省地下水开采模数为中强度及以上的县级行政区有53个，其中31个为粮食主产县；山东省浅层地下水开采模数为中强度及以上的县级行政区有25个，其中15个为粮食主产县；辽宁省浅层地下水开采模数为中强度及以上的县级行政区有18个，其中4个为粮食主产县；黑龙江省浅层地下水开采模数为中强度及以上的县级行政区有11个，其中9个为粮食主产县。

省级行政区县域地下水开采模数等级分布情况见附表A14，省级行政区地下水开采模数中等强度县数量分布情况见图3-2-1，省级行政区浅层地下水开采模数中等强度县数量分布情况见图3-2-2。

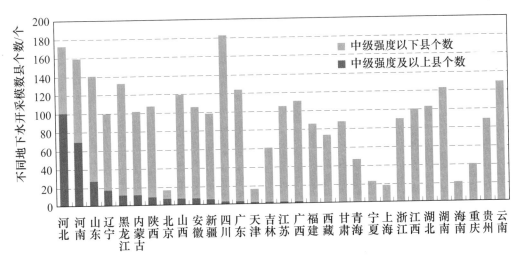

图3-2-1 省级行政区地下水开采模数中等强度县数量分布情况

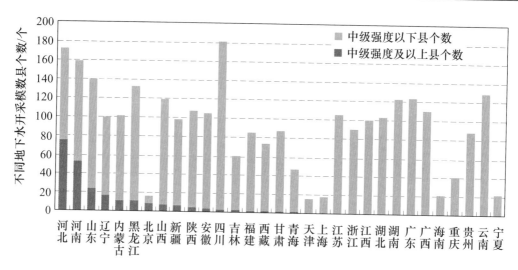

图 3-2-2 省级行政区浅层地下水开采模数中等强度县数量分布情况

（二）开采模数分区特点

1. 水资源一级区

地下水开采模数在各水资源分区存在明显差异，北方地区地下水开采模数明显高于南方地区。在 10 个水资源一级区中，海河区地下水开采模数最高，整体达到 7.0 万 $m^3/(km^2 \cdot a)$，县域最高达到 96.1 万 $m^3/(km^2 \cdot a)$；其次是淮河区、辽河区、松花江区和黄河区，地下水开采模数均高于全国平均值；珠江区、西北诸河区、东南诸河区与西南诸河区地下水开采模数很低；浅层地下水开采模数在水资源一级区的分布特点与地下水开采模数类似。水资源一级区地下水开采模数情况见表 3-2-2。

表 3-2-2　　　　　2011 年水资源一级区地下水开采模数

水资源一级区	地下水开采模数/[万 $m^3/(km^2 \cdot a)$]		水资源一级区	地下水开采模数/[万 $m^3/(km^2 \cdot a)$]	
	合计	其中：浅层地下水		合计	其中：浅层地下水
全国	1.2	1.0	淮河区	4.8	4.2
北方地区	1.6	1.4	长江区	0.4	0.4
南方地区	0.3	0.3	其中：太湖水系	0.4	0.4
松花江区	2.1	1.9	东南诸河区	0.4	0.4
辽河区	3.2	3.2	珠江区	0.5	0.5
海河区	7.0	5.7	西南诸河区	0.02	0.02
黄河区	1.5	1.4	西北诸河区	0.5	0.5

2. 省级行政区

从省级行政区普查数据汇总成果来看，地下水开采模数差异较大，北方省份地下水开采模数明显高于南方省份。地下水开采模数最大的北京市为 9.8 万 m³/(km²·a)，地下水开采模数较大的省份依次还有河北、河南、山东等省；宁夏、海南、甘肃、浙江、湖南、广东、新疆、内蒙古、江西、湖北、广西、福建、四川、上海、重庆、云南、贵州、青海、西藏 19 省（自治区、直辖市）地下水开采模数小于全国平均值，其中四川、上海、重庆、云南、贵州、青海、西藏 7 省（自治区、直辖市）地下水开采模数在 0.5 万 m³/(km²·a) 以下。省级行政区地下水开采模数和浅层地下水开采模数见图 3-2-3、图 3-2-4 和附图 D12、附图 D13。

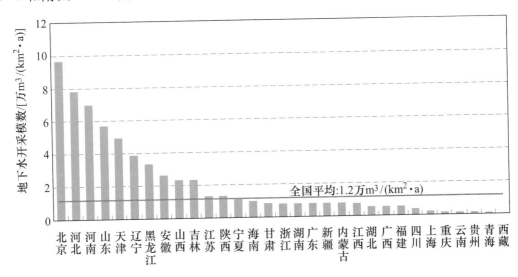

图 3-2-3 省级行政区地下水开采模数

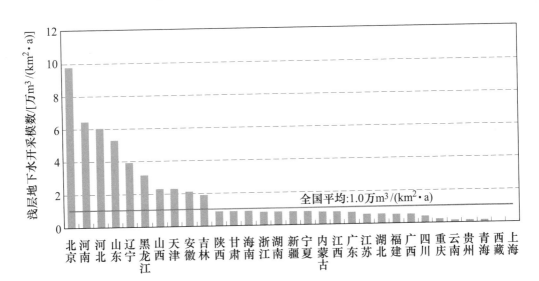

图 3-2-4 省级行政区浅层地下水开采模数

3. 地貌类型区

全国 2011 年地下水开采模数为 1.2 万 m³/(km²·a)，其中平原区开采模数为 3.1 万 m³/(km²·a)，山丘区开采模数为 0.3 万 m³/(km²·a)，平原区地下水开采模数明显高于山丘区。

全国 2011 年浅层地下水开采模数为 1.0 万 m³/(km²·a)，其中平原区开采模数为 2.8 万 m³/(km²·a)，山丘区开采模数为 0.3 万 m³/(km²·a)，平原区地下水开采模数明显高于山丘区。

各省级行政区地下水开采模数、浅层地下水开采模数基本符合平原区大于山丘区的特点，且北方省份平原区地下水开采模数一般大于南方省份平原区地下水开采模数。省级行政区不同地貌类型区地下水开采模数见附表 A15，省级行政区平原地下水开采模数分布情况示意见图 3-2-5，省级行政区平原区浅层地下水开采模数分布情况示意见图 3-2-6。

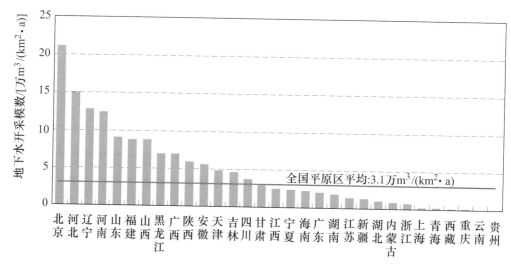

图 3-2-5　省级行政区平原区地下水开采模数

二、地下水开采系数

本书利用第二次全国水资源调查评价的平原区浅层地下水可开采量，分析了 2011 年平原区浅层地下水开采系数（2011 年平原区浅层地下水开采量与多年平均可开采量之比），开采系数大于 100% 表明地下水实际开采量大于可开采量，存在地下水超采，开采系数小于 100% 的地区，局部亦可能发生超采。深层承压水因其难以补给和更新，其开采量一般均视为超采量。

本节采用 $K_{平原区}$ 表示平原区 2011 年浅层地下水开采系数，计算公式为

$$K_{平原区} = 平原区 2011 年浅层地下水开采量 / 平原区浅层地下水可开采量$$

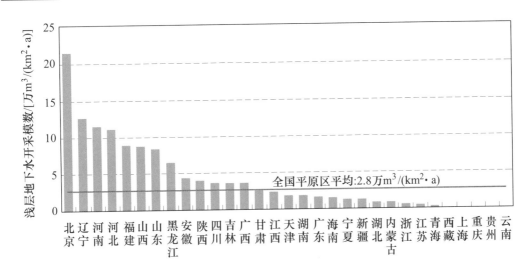

图 3 - 2 - 6 省级行政区平原区浅层地下水开采模数

从全国范围来看，本次普查 2011 年浅层地下水开采量为 986.92 亿 m³，深层承压水开采量为 94.33 亿 m³。其中平原区 2011 年浅层地下水开采量 779.93 亿 m³，平原区 2011 年浅层地下水开采系数为 63%。

从省级行政区来看，北方地表水资源缺乏地区浅层地下水开采系数普遍较高，尤其是黄淮海平原、东北平原地区和西北内陆各省。平原区 2011 年浅层地下水开采系数超过 100% 的省级行政区有河北、甘肃 2 省，分别为 115%、109%；平原区 2011 年浅层地下水开采系数在 80%～100% 区间的省级行政区有河南、山西、山东、黑龙江、新疆 5 省（自治区），分别为 99%、97%、85%、81%、80%；平原区 2011 年浅层地下水开采系数在 50%～80% 区间的省级行政区有辽宁、北京、吉林、福建、内蒙古、天津 6 省（自治区、直辖市），其他省级行政区平原区 2011 年浅层地下水开采系数低于 50%。

从地级行政区来看，多个地区平原区 2011 年浅层地下水实际开采量超过多年平均可开采量，即平原区 2011 年浅层地下水开采系数超过 100%，如河北省的石家庄、唐山、秦皇岛、邯郸、邢台、保定 6 市，河南省安阳、鹤壁、新乡、焦作、濮阳、许昌 6 市，山东省的青岛、淄博、烟台、济宁、泰安 5市，北京市部分区县，甘肃省的嘉峪关、金昌、酒泉 3 市，新疆乌鲁木齐、克拉玛依、吐鲁番、哈密、昌吉回族自治州 5 地区（州）。省级行政区平原区 2011 年浅层地下水开采系数见图 3 - 2 - 7 和附表 A16。

三、井灌区灌溉用水指标

依据本次普查经济社会用水调查专项成果，2011 年全国农业实际灌溉毛用水指标为 451m³/亩（含耕地和非耕地灌溉用水），其中东部地区 400m³/亩、

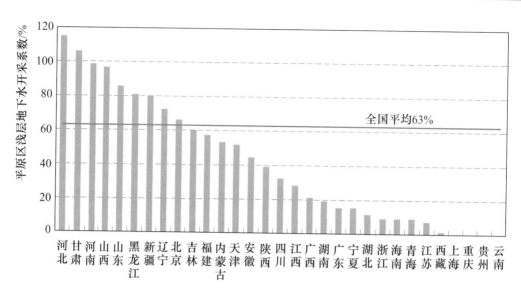

图 3-2-7　2011 年省级行政区平原区浅层地下水开采系数

中部地区 406m³/亩、西部地区 559m³/亩。不同省级行政区农业实际灌溉用水指标差异较大，范围在 196～996m³/亩区间；其中黄淮海平原的北京、天津、河北、河南、山东等省（直辖市）农业灌溉用水指标一般在 300m³/亩以内；东北地区的黑龙江、吉林、辽宁 3 省农业灌溉用水指标相对较大，一般在 500m³/亩左右；南方省份农业灌溉用水指标普遍较高，如广东、广西、海南等省（自治区）在 800m³/亩以上；青海、宁夏、新疆等西部省（自治区）农业灌溉用水指标较高，与当地特殊的气候条件和洗盐灌溉等特殊需求密切相关。

从本次地下水取水井专项普查成果来看，全国井灌区农业灌溉亩均地下水取水量为 233m³/亩，其中东部地区 225m³/亩、中部地区 218m³/亩、西部地区较高为 285m³/亩。不同省级行政区井灌区农业灌溉亩均地下水取水量指标差异较大，范围在 108～452m³/亩区间。

从 2011 年井灌区农业灌溉亩均地下水取水量与同一行政区域农业灌溉平均用水指标对比情况来看，井灌区农业灌溉亩均地下水取水量基本均小于当地农业灌溉平均毛用水指标，但两指标差距在省际之间不尽相同，其中北京、天津、河北、山西、河南、山东等省（直辖市），两指标比较接近，地表水灌区和井灌区的亩均灌溉用水指标差异不大，而在南方省份井灌区农业灌溉亩均地下水取水量明显小于当地农业灌溉平均用水指标。省级行政区井灌区农业灌溉亩均地下水取水量与当地农业灌溉亩均毛用水量对比情况见图 3-2-8。

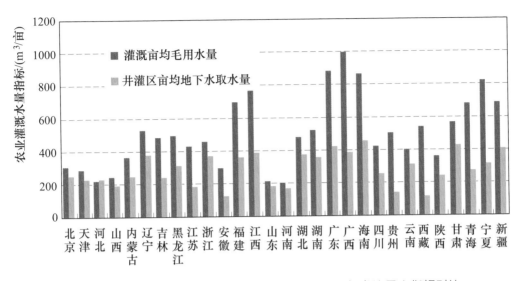

图 3-2-8 省级行政区井灌区亩均地下水取水量与当地用水指标对比

四、地下水供水占经济社会用水比例

地下水供水对经济社会发展起着重要的支撑作用，尤其是在北方地区，地表水资源相对缺乏，经济社会用水总量中地下水比例较大，部分地区地下水供水量超过了地表水，成为经济社会供水的主要水源。

全国 2011 年地下水开采量 1081.25 亿 m^3，约占经济社会用水总量 6213.29 亿 m^3 的 17.4%；其中用于城镇生活的地下水开采量 85.33 亿 m^3，占城镇生活总用水量的 12.8%，用于乡村生活的地下水开采量 169.53 亿 m^3，占乡村生活总用水量的 59.3%；用于工业的地下水开采量 73.59 亿 m^3，占工业总用水量的比例较低为 6.2%；用于农业灌溉的地下水开采量 753.80 亿 m^3，占农业灌溉总用水量的 18.5%。

北方地区地下水供水量占经济社会用水总量的比例普遍较高，总体达到 34.0%，其中河北省比例高达 78%，山西、河南、北京、黑龙江、内蒙古、辽宁 6 省（自治区、直辖市）比例均超过 40%；而南方地区地下水供水量占经济社会用水总量的比例一般较低，总体仅为 3.5%。地下水开采量占经济社会总用水量的比例见表 3-2-3，全国经济社会各业总用水量中地下水水源占比见图 3-2-9。

从省级行政区来看，各省经济社会用水的水源组成差异较大，北方省份经济社会用水中地下水水源比重一般高于南方省份，主要分布特点如下。省级行政区地下水开采量占经济社会用水量比例见附表 A17。

表 3-2-3　　　　　　地下水开采量占经济社会总用水量的比例

项目	合计	城镇生活	乡村生活	工业	农业灌溉
经济社会用水量/亿 m³	6213.29	664.30	285.10	1202.99	4060.90
地下水开采量/亿 m³	1081.25	85.33	169.53	73.59	752.80
地下水占比/%	17.4	12.8	59.3	6.2	18.5

注　表中按地下水取水井专项口径统计各用途水量，畜禽用水纳入乡村生活。

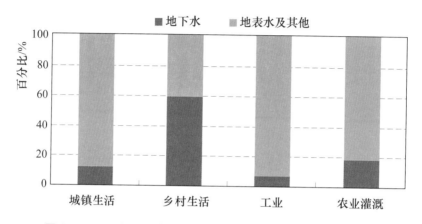

图 3-2-9　全国经济社会各业总用水量中地下水水源占比

（1）全国经济社会总用水量中地下水比例为 17.8%，其中河北省地下水比例高达 78%，山西、河南、北京、黑龙江、内蒙古、辽宁 6 省（自治区、直辖市）地下水比例超过 40%，云南、贵州、四川、湖南、湖北、广东、广西等南方省份一般以地表水为主，地下水比例很小。省级行政区经济社会总用水量水源组成情况见图 3-2-10 和图 3-2-11。

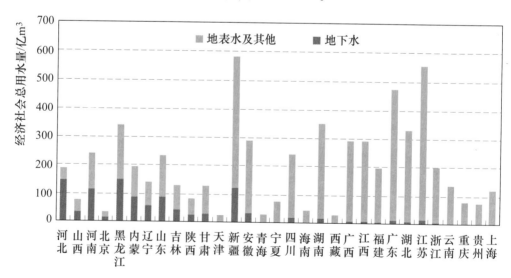

图 3-2-10　全国经济社会总用水量水源组成情况

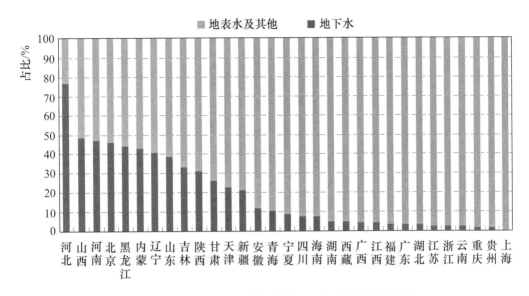

图 3-2-11　全国经济社会总用水量水源占比情况

（2）全国农业灌溉总用水量中地下水比例为 18.5%，北方省份农业灌溉总用水量中地下水比例明显高于南方，其中河北省灌溉用水量中地下水比例最高为 89%，河南、北京 2 省（直辖市）农业灌溉水量中地下水比例超过 50%，黑龙江、山西、内蒙古、山东 4 省（自治区）农业灌溉水量中地下水比例亦较高，云南、贵州、四川、湖南、湖北、海南、广东、广西等南方省份农业灌溉一般以地表水为主，地下水比例很小。省级行政区农业灌溉总用水量水源组成情况见图 3-2-12 和图 3-2-13。

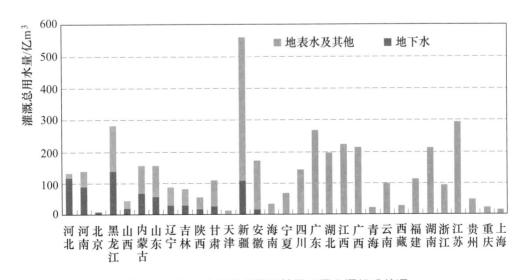

图 3-2-12　全国农业灌溉总用水量水源组成情况

（3）全国工业及生活总用水量中地下水比例为 15.3%，北方省份地下水比例高于南方，其中新疆、河北、山西 3 省（自治区）工业及生活总用水量中地下水水源比例均超过 50%，宁夏、辽宁、北京、内蒙古 4 省（自治区、直辖市）地下水比例超过 40%，云南、贵州、浙江、福建、广东等南方省份工业及生活总用水一般以地表水为主，地下水比例很小。省级行政区工业及生活总用水量水源组成情况见图 3-2-14 和图 3-2-15。

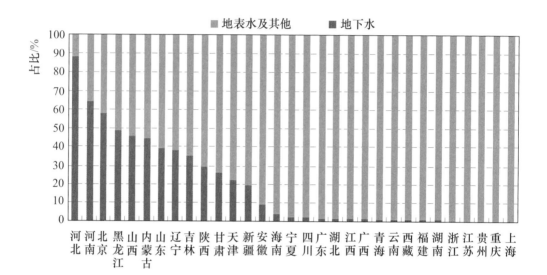

图 3-2-13　全国农业灌溉总用水量水源占比情况

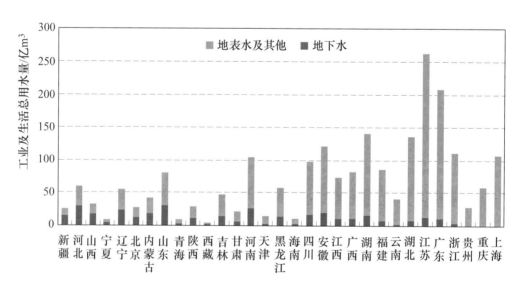

图 3-2-14　全国工业及生活总用水量水源组成情况

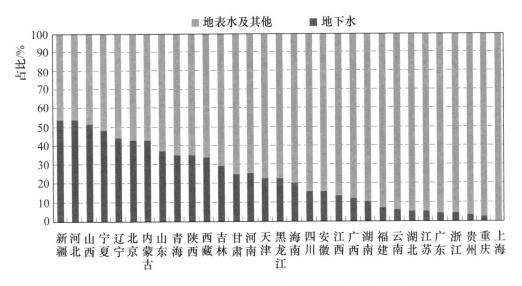

图 3-2-15　全国工业及生活总用水量水源占比情况

第四章 地下水水源地情况

地下水水源地是指向城乡生活或工业供水的地下水集中开采区，多分布在北方各级城市及乡镇周边地区，为城镇生活和工业供水起到了重要的保障作用。本章对我国规模以上地下水水源地的数量及取水量进行了汇总，按水源地规模、取水用途、应运方式、管理等情况进行了综合分析。

第一节 地下水水源地数量及分布

本节重点对规模以上地下水水源地的数量及其区域分布特点进行了分析。

一、水源地数量

全国规模以上地下水水源地共 1841 个，其中，特大型水源地 17 个，占地下水水源地总数的 0.9%；大型水源地 136 个，占地下水水源地总数的 7.4%；中型水源地 864 个，占地下水水源地总数的 46.9%；小型水源地 824 个，占地下水水源地总数的 44.8%。全国规模以上地下水水源地数量及分规模汇总成果见表 4-1-1 及图 4-1-1。

表 4-1-1　全国规模以上地下水水源地数量及分规模汇总成果

日取水规模	数量/个	占比/%	备注
合计	1841	100	
$W_日 \geq 15$	17	0.9	特大型水源地
$5 \leq W_日 < 15$	136	7.4	大型水源地
$1 \leq W_日 < 5$	864	46.9	中型水源地
$0.5 \leq W_日 < 1$	824	44.8	小型水源地

注　$W_日$ 为地下水水源地的日取水规模，单位为万 m^3/d。

二、水源地分布

(一) 水资源一级区

我国规模以上地下水水源地主要集中在水资源较为缺乏的北方地区，尤其是水资源匮乏的黄淮海地区。10 个水资源一级区中，规模以上地下水水源地数量最多的黄河区、海河区、淮河区合计 1089 个，占全国总数 59.2%，最少的是西南诸河区和东南诸河区，合计占全国总数 1.5%。北方地区规模以上地下水水源地数量为 1601 个，占规模以上地下水水源地总数的 87.0%；南方地区规模以上地下水水源地数量为 240 个，占规模以上地下水水源地总数的 13.0%。水资源一级区规模以上地下水水源地数量见表 4-1-2，水资源一级区规模以上地下水水源地数量分布情况见图 4-1-2。

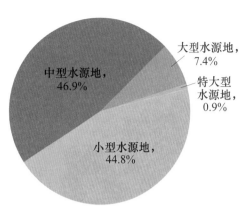

图 4-1-1 不同规模地下水
水源地数量比例

表 4-1-2 水资源一级区规模以上地下水水源地数量

水资源一级区	合计 /个	按日取水规模/个			
		$W_日 \geq 15$	$5 \leq W_日 < 15$	$1 \leq W_日 < 5$	$0.5 \leq W_日 < 1$
全国	1841	17	136	864	824
北方地区	1601	17	131	741	712
南方地区	240	0	5	123	112
松花江区	158	0	4	78	76
辽河区	182	1	23	88	70
海河区	391	9	35	167	180
黄河区	397	3	30	169	195
淮河区	301	1	14	159	127
长江区	160	0	2	89	69
其中：太湖流域	1	0	0	0	1
东南诸河区	17	0	0	7	10
珠江区	53	0	3	21	29
西南诸河区	10	0	0	6	4
西北诸河区	172	3	25	80	64

注 $W_日$ 为地下水水源地日取水量，单位为万 m^3/d。

（二）省级行政区

各省级行政区之间规模以上地下水水源地数量各不相同，差异较大。山东省规模以上地下水水源地数量最多，占全国总数的 11.5%；山东、内蒙古、

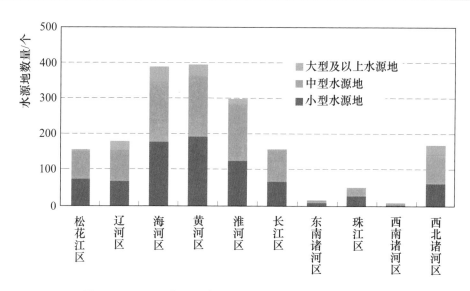

图 4-1-2　水资源一级区规模以上地下水水源地数量

河北、河南、辽宁、山西 6 省（自治区）规模以上地下水水源地合计 1020 个，占全国总数的 55.4%；南方省份规模以上地下水水源地普遍较少，海南、上海和重庆 3 省（直辖市）无规模以上地下水水源地。省级行政区规模以上地下水水源地数量分布情况见图 4-1-3，省级行政区规模以上地下水水源地数量见附表 A18，省级行政区规模以上地下水水源地位置分布见附图 D14。

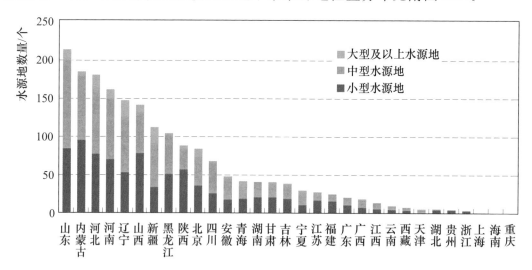

图 4-1-3　省级行政区规模以上地下水水源地数量分布

（三）重点城市周边

地下水水源地对于保障城市居民生活、经济发展、社会稳定意义重大，根据对全国 36 个重点城市（4 个直辖市、27 个省会城市、5 个计划单列市）行政区范围内地下水水源地数量的分析来看，北方城市的规模以上地下水水源地较多，尤其是黄淮海平原和东北平原地区的城市。规模以上地下水水源地最多的是北京市市辖区，达 79 个，上海、南京等 12 个重点城市范围内无规模以上地下水水源地。

从地下水水源地使用情况看，应急备用的规模以上地下水水源地数量较少，36 个重点城市中仅 9 个城市有规模以上应急备用地下水水源地 24 个，且大部分为北方地区城市，其中，济南市 7 个，北京市市辖区、成都市各 5 个，乌鲁木齐市 2 个，长春市、福州市、郑州市、西宁市、深圳市各 1 个。

从水源地取水用途看，重点城市规模以上地下水水源地取水用途主要为城镇生活供水，其次是工业和周边乡村生活供水。335 个地下水水源地中，城镇供水的规模以上地下水水源地 251 个，占总数的 74.9%，2011 年开采地下水 18.96 亿 m³，占总数的 84.7%；工业供水的规模以上地下水水源地 50 个，占总数的 14.9%，2011 年开采地下水 3.12 亿 m³，占总数的 13.9%；乡村生活供水的规模以上地下水水源地 34 个，占总数的 10.2%，2011 年开采地下水 0.30 亿 m³，占总数的 1.3%。城镇生活开采地下水最多的是北京市市辖区的规模以上地下水水源地，为 5.51 亿 m³，其次为沈阳市、乌鲁木齐市、西宁市的规模以上地下水水源地，开采量均在 1.00 亿 m³ 以上。

重点城市规模以上地下水水源地数量见附表 A19。

第二节　地下水水源地开采情况

本节依据普查数据，对不同类型、不同规模、不同用途的地下水水源地 2011 年的地下水开采量进行了综合分析。

一、水源地开采量

规模以上地下水水源地的地下水开采量是全国地下水开采量的一部分，为规模以上地下水水源地所实际管理的规模以上机电井的取水量之和。本次普查全国规模以上地下水水源地 2011 年地下水开采量 85.91 亿 m³，占 2011 年地下水开采总量的 7.9%。其中，特大型水源地 2011 年地下水开采量 6.37 亿 m³，占规模以上地下水水源地地下水开采量的 7.4%；大型水源地 2011 年地下水开采量 21.49 亿 m³，占规模以上地下水水源地地下水开采量的 25.0%；中型水源地 2011 年地下水开采量 42.35 亿 m³，占规模以上地下水水源地地下水开采量的 49.3%；小型水源地 2011 年地下水开采量 15.69 亿 m³，占规模以上地下水水源地地下水开采量的 18.3%。规模以上地下水水源地开采量见表 4-2-1，不同规模地下水水源地开采量占比见图 4-2-1。

表 4-2-1　　　　　　　规模以上地下水水源地开采量

日取水规模	地下水开采量/亿 m³	占比/%	备注
合计	85.91	100	
$W_日 \geqslant 15$	6.37	7.4	特大型水源地
$5 \leqslant W_日 < 15$	21.49	25.0	大型水源地
$1 \leqslant W_日 < 5$	42.35	49.3	中型水源地
$0.5 \leqslant W_日 < 1$	15.69	18.3	小型水源地

注　$W_日$ 为地下水水源地的日取水规模,单位为万 m³/d。

规模以上地下水水源地开采地下水主要用于城镇生活,其次是工业供水。规模以上地下水水源地开采量中,供给城镇生活的水量为 62.90 亿 m³,占 2011 年规模以上地下水水源地开采量的 73.2%;供给工业的水量为 21.68 亿 m³,占 2011 年规模以上地下水水源地开采量的 25.2%;供给乡村生活的水量为 1.33 亿 m³,占 2011 年规模以上地下水水源地开采量的 1.6%。规模以上地下水水源地开采量用途见图 4-2-2。

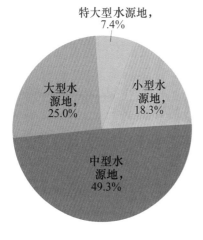

图 4-2-1　不同规模地下水
水源地开采量占比

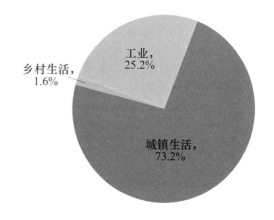

图 4-2-2　规模以上地下水
水源地开采量用途

二、水源地开采量分布

全国近九成的规模以上地下水水源地分布在北方地区,尤其集中在黄淮海地区,其 2011 年地下水开采量亦呈现相似的特点。10 个水资源一级区中,规模以上地下水水源地 2011 年地下水开采量最多的是海河区,占全国规模以上地下水水源地开采量的 24.4%;最少的是东南诸河区,仅占全国规模以上地下水水源地开采量的 0.34%。北方地区规模以上地下水水源地 2011 年地下水开采量为 77.77 亿 m^3，占全国规模以上地下水水源地开采量的 90.5%；南方地区规模以上地下水水源地 2011 年地下水开采量 8.13 亿 m^3，占全国规模以上地下水水源地开采量的 9.5%。水资源一级区规模以上地下水水源地开采量汇总成果见表 4－2－2，水资源一级区规模以上地下水水源地 2011 年地下水开采量分布情况见图 4－2－3。

表 4－2－2　　　　　水资源一级区规模以上地下水水源地开采量

水资源一级区	合计 /万 m^3	按日取水规模/万 m^3			
		$W_日 \geq 15$	$5 \leq W_日 < 15$	$1 \leq W_日 < 5$	$0.5 \leq W_日 < 1$
全国	859053	63695	214928	423482	156948
北方地区	777666	63695	207753	370155	136064
南方地区	81387	0	7175	53327	20884
松花江区	62877	0	6041	41487	15350
辽河区	125627	12716	46288	54638	11984
海河区	210025	36675	57858	81835	33657
黄河区	164342	7097	39897	78189	39159
淮河区	123240	431	23424	75372	24013
长江区	52186	0	1843	39643	10699
其中：太湖流域	410	0	0	0	410
东南诸河区	2935	0	0	1754	1181
珠江区	15970	0	5332	6685	3953
西南诸河区	10296	0	0	5245	5051
西北诸河区	91555	6776	34245	38632	11901

注　$W_日$ 为地下水水源地的日取水规模，单位为万 m^3/d。

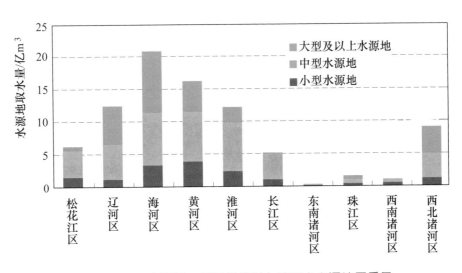

图 4－2－3　水资源一级区规模以上地下水水源地开采量

　　各省级行政区规模以上地下水水源地 2011 年地下水开采量分布差异较大。辽宁省规模以上地下水水源地地下水开采量最多，占全国规模以上地下水水源地开采总量的 13.1%；辽宁、河北、山东、山西、新疆、内蒙古、北京、河南 8 省（自治区、直辖市）的规模以上地下水水源地 2011 年开采地下水 59.72 亿 m³，占全国规模以上地下水水源地开采总量的 69.5%；海南省和重庆市无规模以上地下水水源地。省级行政区规模以上地下水水源地开采量汇总成果见附表 A18，省级行政区规模以上地下水水源地开采量分布情况见图 4 - 2 - 4。

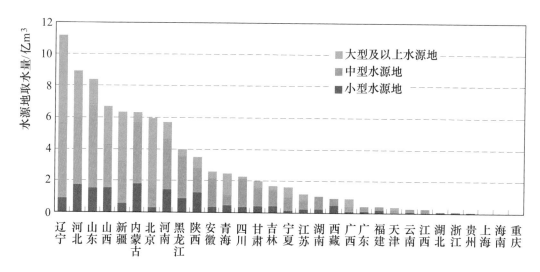

图 4 - 2 - 4　省级行政区规模以上地下水水源地开采量

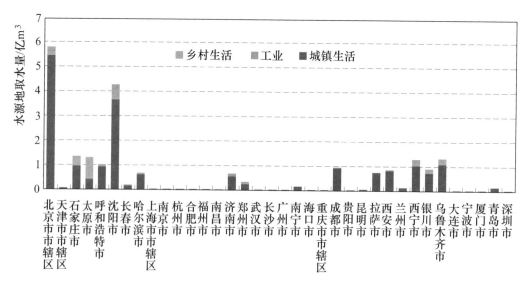

图 4 - 2 - 5　重点城市规模以上地下水水源地开采量

从全国 36 个重点城市行政区范围内地下水水源地的地下水开采量普查汇总成果来看，北方城市规模以上地下水水源地的地下水开采量明显较多，北京市市辖区和沈阳市比较突出，其中北京市市辖区规模以上地下水水源地开采量达 5.86 亿 m^3；南方城市规模以上地下水水源地数量和地下水开采量一般较少，城市生活和工业供水一般以地表水为主。重点城市不同用途地下水水源地开采量见附表 A20，各重点城市规模以上地下水水源地开采量分布见图 4-2-5。

第三节　地下水水源地管理情况

本节依据普查数据，对规模以上地下水水源地的应急备用及管理情况进行了综合分析。

一、总体管理情况

规模以上地下水水源地主要管理指标包括应急备用情况、取水许可证办理情况等。应急备用水源地是指一般年份不取水，仅在特殊干旱年份或突发公共供水事件时才启用以及平时封存备用的水源地。日常使用水源地是指除应急备用水源地以外的水源地。规模以上地下水水源地所管理的规模以上机电井全部或部分办理了取水许可的，视为该水源地办理了取水许可。

依据本次普查数据统计分析，全国规模以上地下水水源地的应急备用比例仅 6.4%，取水许可办理率为 78.5%。全国规模以上地下水水源地管理情况汇总成果见表 4-3-1。

表 4-3-1　　　　规模以上地下水水源地管理情况汇总成果

项　　目		数　　量		2011 年取水量	
		合计/个	占比/%	合计/万 m^3	占比/%
全　　国		1841	100	859053	100
按应用状况分	日常使用	1723	93.6	838281	97.6
	应急备用	118	6.4	20772	2.4
按是否办理取水许可分	已办理	1446	78.5	690799	80.4
	未办理	395	21.5	168254	19.6

二、应急备用情况

全国规模以上应急备用地下水水源地共 118 个，其中北方地区 88 个，占比 74.6%，南方地区 30 个，占比 25.4%。最为集中的黄河区、淮河区、海河区、长江区 4 个水资源一级区合计 90 个，占比 76.3%。从省级行政区来看，应急备用的规模以上地下水水源地主要集中在黄淮海地区的山东、河北、河南以及人口较多的四川，4 省合计 59 个，占全国应急备用的规模以上地下水水源地总数的 50%。

三、取水许可办理情况

全国已办理取水许可证的规模以上地下水水源地共计 1446 个，其地区之间分布存在较大差异。北方地区共计 1238 个规模以上地下水水源地办理了取水许可，取水许可办理率 77.3%；南方地区共计 208 个规模以上地下水水源地办理了取水许可，取水许可办理率 86.7%。长江区规模以上地下水水源地的取水许可办理率最高，为 91.9%；西南诸河区规模以上地下水水源地的取水许可办理率最低，为 70.0%。水资源一级区规模以上地下水水源地取水许可办理情况见图 4-3-1 和附表 A21。

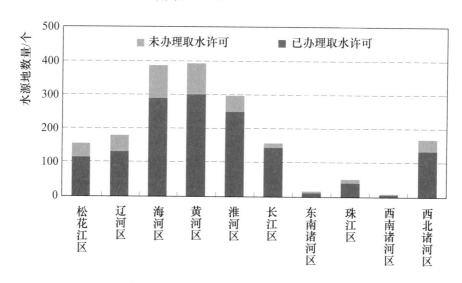

图 4-3-1 水资源一级区规模以上地下水水源地取水许可办理情况

从省级行政区来看，规模以上地下水水源地最多的山东、内蒙古、河北、河南、辽宁、山西、新疆、黑龙江 8 省（自治区）合计 1234 个，占全国总数的 2/3，但仅山东、山西 2 省的规模以上地下水水源地的取水许可办理率高于全国平均值。四川、安徽、青海、湖南、甘肃、江苏、广西 7 省（自治区）规模以上地下水水源地的取水许可办理率在 90% 以上，但其地下水水源地数量较少。省级行政区规模以上地下水水源地取水许可办理情况见图 4-3-2 和附表 A22。

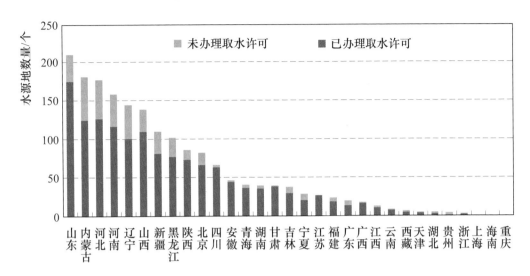

图4－3－2 省级行政区规模以上地下水水源地取水许可办理情况

第五章　重点地区地下水开发利用情况

重点地区包括三类：一是地下水超采区；二是北方地下水开发利用的重点区域，包括黄淮海平原、东北平原和西北地区；三是国家级主要功能区，包括国家级重要经济区、能源基地、粮食主产区、重点生态功能区。

本章以县级行政区为基本单元，对重点地区的地下水取水井数量与密度、规模以上地下水水源地数量、地下水开采量与开采强度、地下水开采系数、地下水占经济社会用水的比重等指标进行综合分析。

第一节　超采区地下水开发利用情况

本节主要依据各地地下水超采区评价成果和全国地下水超采区范围划定成果，对浅层地下水超采区内的地下水取水工程情况和地下水开发利用情况进行综合分析。

一、超采区情况

地下水的过量开采，表面上引起地下水位的持续下降，造成开采井出水量锐减，本质上则破坏了地下水及其赋存介质间固有的生成-赋存-运动之间的平衡关系，地下水在寻求新的平衡过程中，必然对原有的生态环境产生一系列的影响，出现地面沉降、地面塌陷、地裂缝、海（咸）水入侵、土地沙化等现象。地下水超采区是指某一范围内，在一定时期，地下水实际开采量超过了该范围内的地下水可开采量，造成地下水水位持续下降的区域；或因过量开采地下水引发了环境地质灾害或生态环境恶化现象的区域。

在地下水超采区的分类上，根据松散岩土含水层组在垂直方向上分层发育的特征、自上而下的次序及地下水承压与否，将孔隙水超采区划分为浅层地下水超采区和深层承压水超采区两类。按照《地下水超采区评价导则》（SL 286—2003），全国地下水利用与保护规划对全国地下水超采区进行了核定和划分，主要成果如下。

全国平原区地下水超采区面积29.92万 km^2，其中浅层地下水超采区面积

15.31 万 km²（一般超采区面积 8.76 万 km²，严重超采区面积 6.55 万 km²），深层承压水超采区面积 16.11 万 km²，浅层地下水超采区与深层承压水超采区的重叠面积约 1.50 万 km²。

地下水超采区大部分分布在北方地区，海河区、淮河区、黄河区和西北诸河区 4 个水资源一级区的地下水超采区面积约占全国超采区面积的 95％。海河区超采区面积最大，约占全国超采区面积的 41％，其次是西北诸河区、淮河区和黄河区，分别占 21％、20％和 7％。水资源一级区平原区现状地下水超采区面积见表 5 - 1 - 1。

表 5 - 1 - 1　　　　　　　　水资源一级区现状地下水超采区面积

水资源一级区	浅层地下水超采区/万 km²			深层承压水超采区/万 km²	合计/万 km²（扣除重叠面积）
	一般超采区	严重超采区	小计		
全国	8.76	6.55	15.31	16.11	29.92
北方地区	8.70	6.35	15.05	14.81	28.36
南方地区	0.06	0.20	0.26	1.30	1.56
松花江区	0.03	0.05	0.08	0.58	0.66
辽河区	0.29	0.38	0.67	0.59	1.24
海河区	4.27	0.85	5.12	8.38	12.20
黄河区	1.33	0.33	1.66	0.38	1.98
淮河区	1.07	0.24	1.31	4.88	6.07
长江区	0.04	0.19	0.23	1.27	1.50
珠江区	0.02	0.01	0.03	0.03	0.06
西北诸河区	1.71	4.50	6.21	—	6.21

本次普查结合全国地下水利用与保护规划对地下水超采区范围的界定，与本次普查所依据的行政区划边界进行套绘，经处理后提取得到地下水超采区涉及的县级行政区名录，同时提取分县面积中超采区面积所占的比例。平原区浅层地下水超采范围涉及的县级行政区为 337 个，占全国县级行政区个数的 11.7％。本书在地下水超采区普查成果统计时，以超采区涉及县的普查成果为基础，以分县面积中超采区所占比例为分配因子，分配得到超采区普查成果。

二、超采区地下水开发利用情况

（一）浅层地下水超采区

依据本次普查地下水取水井专项数据，对平原区浅层地下水超采区范围内的地下水开发利用情况进行了综合分析。

1. 浅层地下水超采区取水井

浅层地下水超采区地下水取水井合计 309.6 万眼，其中，规模以上机电井 85.5 万眼，占比为 27.6%，河南、河北、山东 3 省明显较多；规模以下机电井 154.4 万眼，占比为 49.9%；人力井 69.7 万眼，占比为 22.5%；规模以上地下水水源地 171 个，占全国规模以上地下水水源地总数的 9.3%。浅层地下水超采区不同规模取水井数量占比见图 5-1-1。

图 5-1-1　浅层地下水超采区不同规模取水井数量占比

浅层地下水超采区取水井密度明显大于全国平均值，为 27.9 眼/km²。其中，规模以上机电井密度 7.7 眼/km²，河北、河南、山东 3 省超采区最高，明显高于全省平均值，北京、内蒙古、吉林 3 省（自治区）超采区密度亦属于高值区；规模以下机电井密度为 13.9 眼/km²，人力井密度 6.3 眼/km²，江苏、安徽等南方省份超采区的规模以下机电井及人力井密度相对较高。省级行政区浅层地下水超采区地下水取水工程数量及密度见附表 A23，浅层地下水超采区取水井数量、规模以上机电井数量分布见图 5-1-2 和图 5-1-3。

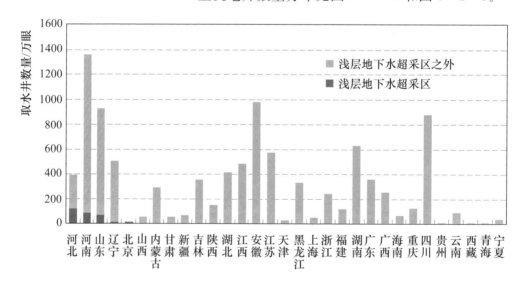

图 5-1-2　省级行政区浅层地下水超采区取水井数量分布

2. 浅层地下水超采区开采量

浅层地下水超采区范围内 2011 年地下水开采量 137.56 亿 m³，占全国 12.7%（浅层地下水超采区面积仅占全国的 1.6%），其中，浅层地下水开采

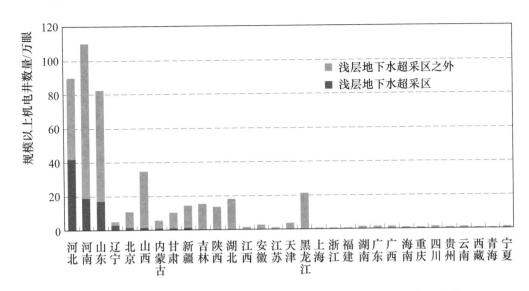

图 5-1-3　省级行政区浅层地下水超采区规模以上机电井数量分布

量 130.54 亿 m^3，深层承压水开采量 7.02 亿 m^3。

从地下水开采用途看，浅层地下水超采区范围内的地下水开采量主要用于农业灌溉，占地下水开采量的 81.3%，其次是生活供水。

从开采量区域分布看，河北、河南、山东 3 省浅层地下水超采区的地下水开采量明显较大。省级行政区浅层超采区 2011 年地下水开采量分布情况见图 5-1-4 及附表 A24。

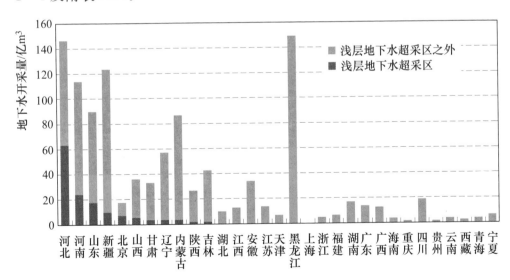

图 5-1-4　省级行政区浅层超采区 2011 年地下水开采量分布

3. 浅层超采区地下水开发利用情况

浅层地下水超采区作为地下水开发利用的重点区域，其地下水开采模数、

2011 年浅层地下水开采系数、地下水开采量占经济社会用水的比例等指标均明显高于全国平均水平。地下水开发利用相关数据分析如下。

（1）浅层超采区的地下水开采模数为 12.4 万 $m^3/(km^2 \cdot a)$，其中浅层地下水开采模数为 11.8 万 $m^3/(km^2 \cdot a)$，均明显高于全国平均值，亦大于相关省份平均值。浅层超采区的地下水开采模数参见附图 D12 和附图 D13。

（2）浅层地下水超采区 2011 年浅层地下水开采系数整体超过 100%，其中河北、河南 2 省 2011 年浅层地下水开采系数最大，山东、山西、内蒙古、甘肃、新疆 5 省（自治区）的浅层地下水超采区 2011 年浅层地下水开采系数均大于 100%。

（3）从地下水开采量占经济社会用水比例来看，浅层超采区范围内 2011 年经济社会用水中地下水比例明显高于全国平均比例，达到 67.9%；其中，乡村生活用水中 94.3% 为地下水，城镇生活用水中 40.7% 为地下水，农业灌溉用水中地下水比例为 77.6%，工业用水中地下水比例为 23.1%。浅层地下水超采区经济社会用水中地下水水源占比见表 5-1-2 和图 5-1-5。

表 5-1-2　　浅层超采区地下水开采量及占经济社会用水比例

区域	地下水开采量/亿 m^3					地下水开采量占经济社会用水比例/%				
	合计	城镇生活	乡村生活	工业	农业灌溉	合计	城镇生活	乡村生活	工业	农业灌溉
全国	1081.25	85.33	169.53	73.59	752.80	17.4	12.8	59.3	6.2	18.5
浅层超采区	137.56	9.68	8.95	7.08	111.85	67.9	40.7	94.3	27.9	77.6

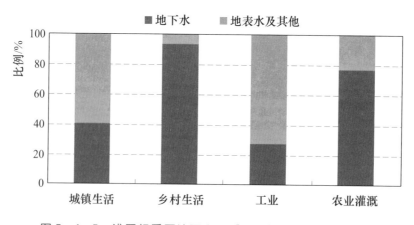

图 5-1-5　浅层超采区地下水开采量占经济社会用水比例

（二）深层承压水开采量

深层承压水是指埋藏相对较深、与当地大气降水和地表水体没有密切水力联系而难于补给的承压水，因其难以补给和更新，其开采量一般均视为超采量。

本次普查我国现有深层承压水开采井 29.1 万眼，99.2％分布在北方地区，其中海河区、松花江区最多，合计占全国深层承压水开采总数的 3/4。2011 年全国深层承压水开采量合计 94.32 亿 m³，94.7％分布在北方地区各省，其中海河区开采量最大，淮河区、黄河区、松花江区开采量亦较大，4 个水资源一级区深层承压水开采量占全国的 93.5％。水资源一级区深层承压水开采量分布情况见图 5-1-6。

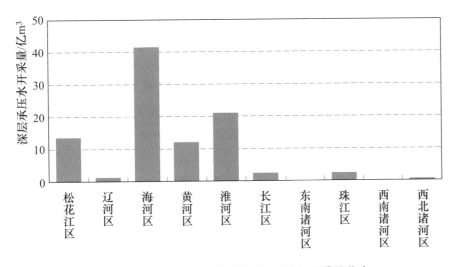

图 5-1-6　水资源一级区深层承压水开采量分布

从省级行政区分布看，深层承压水开采量分布在全国 24 个省级行政区，包括北京、天津、河北、内蒙古、辽宁、吉林、黑龙江、上海、江苏、浙江、安徽、山东、河南、湖北、湖南、广东、广西、海南、四川、云南、陕西、甘肃、青海、宁夏等省（自治区、直辖市），其中深层承压水开采量在 1.0 亿 m³以上的有天津、河北、吉林、黑龙江、江苏、安徽、山东、河南、广东、陕西、宁夏 11 个省（自治区、直辖市）。

第二节　北方重点区域地下水
开发利用情况

本节在综合以往黄淮海平原、东北平原以及西北地区范围及地下水资源评价和开发利用相关成果的基础上，以县级行政区为基本单元提取了各重点区域范围名录。据此对各重点区域范围内的地下水取水井数量、井密度、地下水开采量、地下水开采模数、2011 年浅层地下水开采系数等普查相关指标进行了综合分析。

一、黄淮海平原

（一）基本情况

黄淮海西起太行山和伏牛山，东到黄海、渤海和山东丘陵，北依燕山，南到淮河。区内地势低平，多在海拔 50m 以下，为典型的冲积平原，由海河一般平原、淮河一般平原及黄河下游平原组成，涉及北京、天津、河北、河南、山东、江苏、安徽 7 省（直辖市），总面积 42.8 万 km^2。

黄淮海平原大体在淮河以南属于北亚热带湿润气候，以北则属于暖温带湿润或半湿润气候。冬季干燥寒冷，夏季高温多雨，春季干旱少雨，蒸发强烈。区域年均气温和年降水量由南向北随纬度增加而逐步递减。黄淮地区均温 14～15℃，北京、天津一带降至 11～12℃。区域多年平均降水量 500～1000mm，其中南部淮河流域 800～1000mm，黄河下游平原 600～700mm，西部和北部边缘的太行山东麓、燕山南麓 700～800mm，各地夏季降水可占全年 50％～75％。

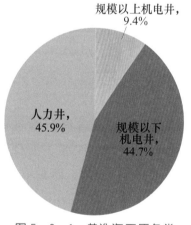

图 5-2-1　黄淮海平原各类取水井数量占比

（二）地下水取水工程情况

1. 取水井数量及密度

黄淮海平原地下水取水井呈现数量多、密度大的特点。黄淮海平原取水井合计 2923.9 万眼，占全国总数的 30.0％，其中规模以上机电井 274.3 万眼，占全国规模以上机电井总数的 61.6％，规模以下机电井 1307.9 万眼，占全国总数的 26.5％，人力井数量为 1341.8 万眼，占全国总数的 30.7％。而黄淮海平原面积仅占全国的 4.4％。

从黄淮海平原的取水井类型结构来看，规模以上机电井占 9.4％，规模以下机电井占 44.7％，人力井占 45.9％。黄淮海平原各类取水井占比见图 5-2-1，黄淮海平原省级行政区平原区取水井数量见表 5-2-1。

从黄淮海平原各省级行政区取水井数量看，河南省取水井数量最多，为 1064.8 万眼，占黄淮海平原总数的 36.4％，其次为安徽省，取水井数量最少的是北京市，为 4.9 万眼；黄淮海平原规模以上机电井十分集中，河南省、河北省、山东省位列前三名，占黄淮海平原总数的 90.4%。

表 5 - 2 - 1　　　黄淮海平原省级行政区平原区各类取水井数量

省级行政区	井数/眼			
	合计	规模以上机电井	规模以下机电井	人力井
黄淮海平原	29239037	2742519	13078716	13417802
北京	48883	42201	4970	1712
天津	201022	24979	97059	78984
河北	2438168	803012	1504203	130953
河南	10647769	972039	4996491	4679239
山东	5524223	703912	2034956	2785355
江苏	3310918	19446	796277	2495195
安徽	7068054	176930	3644760	3246364

从黄淮海平原地下水取水井密度来看，总取水井密度为 68.4 眼/km²，其中规模以上机电井密度为 6.4 眼/km²，规模以下机电井井密度为 30.6 眼/km²，人力井 31.4 眼/km²。黄淮海平原涉及的 7 省（直辖市）中，取水井密度最高的是安徽省，为 121 眼/km²，最小的是北京市，仅为 7.2 眼/km²；规模以上机电井密度最高的省级行政区依次为河南、河北，在 10 眼/km² 左右，其次是北京、山东，在 6 眼/km² 左右，江苏省规模以上机电井密度最低；安徽省规模以下机电井密度、人力井密度均为 7 省（直辖市）最高，分别为 62.3 眼/km²、55.5 眼/km²。黄淮海平原省级行政区平原区取水井密度见表 5 - 2 - 2。

表 5 - 2 - 2　　　黄淮海平原省级行政区平原区取水井密度

区域	井密度/(眼/km²)			
	合计	规模以上机电井	规模以下机电井	人力井
全国	10.4	0.47	5.25	4.65
黄淮海平原	68.4	6.4	30.6	31.4
北京	7.2	6.2	0.7	0.3
天津	20.6	2.6	9.9	8.1
河北	30.3	10.0	18.7	1.6
河南	115.5	10.5	54.2	50.8
山东	47.7	6.1	17.6	24.0
江苏	51.7	0.3	12.4	39.0
安徽	120.7	3.0	62.3	55.5

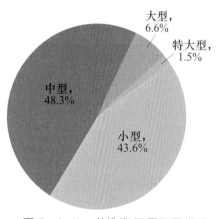

图 5-2-2 黄淮海平原不同规模
地下水水源地占比情况

2. 地下水水源地数量

黄淮海平原规模以上地下水水源地 518 个，占全国规模以上地下水水源地的 28.1%，其中，小型地下水水源地 226 个，占黄淮海平原地下水水源地数量的 43.6%，中型地下水水源地 250 个，占黄淮海平原地下水水源地数量的 48.3%，大型地下水水源地 34 个，占黄淮海平原地下水水源地数量的 6.6%，特大型地下水水源地 8 个，占黄淮海平原地下水水源地数量的 1.5%。黄淮海平原不同规模地下水水源地组成情况见图 5-2-2。

从黄淮海平原省级行政区地下水水源地分布来看，山东、河北、河南地下水水源地数量较多，合计 377 个，占黄淮海平原总数的 73%，北京市规模以上地下水水源地亦较多，天津市仅有 3 个。黄淮海平原省级行政区平原区规模以上地下水水源地数量见表 5-2-3。

表 5-2-3   黄淮海平原省级行政区平原区规模以上地下水水源地数量

区　域	合计 /个	按日取水规模分/个			
		$0.5 \leqslant W_日 < 1$	$1 \leqslant W_日 < 5$	$5 \leqslant W_日 < 15$	$W_日 \geqslant 15$
黄淮海平原	518	226	250	34	8
北京	71	29	31	7	4
天津	3	0	1	2	0
河北	125	53	63	6	3
河南	96	51	39	6	0
山东	156	63	83	9	1
江苏	24	15	7	2	0
安徽	43	15	26	2	0

注　$W_日$ 为地下水水源地的日取水规模，单位为万 m^3/d。

（三）地下水开发利用情况

黄淮海平原呈地下水开采量大，开采模数高的特点。2011 年黄淮海平原地下水开采量合计 348.35 亿 m^3。其中：浅层地下水开采量 288.14 亿 m^3，占黄淮海平原区地下水开采总量的 82.8%；深层承压水开采量 60.21 亿 m^3，占 17.2%，主要集中在河北省平原区，超过一半，河南、山东、江苏、安徽、天津等省（直辖市）平原区均有深层承压水开采。黄淮海平原地下水开采量中，

73.0%用于农业灌溉，为254.10亿 m^3；27.0%用于工业、城镇生活、乡村生活，为94.25亿 m^3。

黄淮海平原的地下水开采量主要集中在河北、河南、山东3省平原区，共计288.63亿 m^3，占黄淮海平原地下水开采量的82.9%，开采量最少的是天津，为4.46亿 m^3。河北、河南、山东3省地下水开采均主要用于农业灌溉。北京市、江苏省地下水开采主要用于工业、城镇生活、乡村生活供水。黄淮海平原省级行政区平原区地下水开发利用情况见表5-2-4，黄淮海平原省级行政区平原区地下水开量分布见图5-2-3。

表5-2-4 黄淮海平原省级行政区平原区地下水开发利用情况

区 域	地下水开采量/万 m^3			地下水开采模数 /[万 m^3/(km^2·a)]	2011年浅层 地下水开采系数 /%
	合计	灌溉	供水		
全国	10812483	7528038	3284445	3.1	63
黄淮海平原	3483506	2540952	942554	8.1	82
北京	146164	45306	100858	21.5	68
天津	44627	24314	20314	4.6	58
河北	1257675	1048453	209221	15.6	123
河南	931636	763701	167936	10.1	102
山东	697017	498109	198908	6.0	85
江苏	103123	9802	93321	1.6	7
安徽	303263	151267	151996	5.2	54

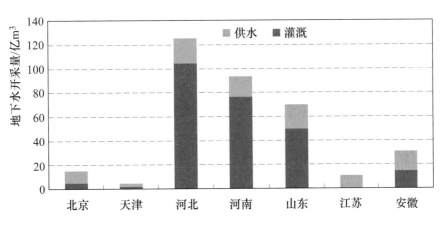

图5-2-3 黄淮海平原省级行政区平原区地下水开量分布

从地下水开采模数来看,黄淮海平原2011年地下水开采模数明显高于全国平均值。其中北京市的地下水开采模数最高,达到21.5万 $m^3/(km^2 \cdot a)$,河北省、河南省均达到10万 $m^3/(km^2 \cdot a)$,江苏地下水开采模数最小,为1.6万 $m^3/(km^2 \cdot a)$ 。

黄淮海平原2011年浅层地下水开采系数在82%左右,其中河北、河南2省海河平原区2011年浅层地下水开采系数大于100%,多个地市位于浅层地下水超采区;山东省黄淮海平原区浅层地下水开采系数约85%;北京市市辖区,河北省的保定、石家庄、衡水、邢台、邯郸等地市,河南省的安阳、鹤壁、濮阳等地市,山东省的聊城、德州等地市位于浅层地下水超采区,已经形成集中连片的地下水漏斗区;江苏、安徽2省淮河平原区2011年浅层地下水开采系数相对较小。

二、东北平原

(一) 基本情况

东北平原位于大、小兴安岭和长白山地之间,南北长约1000多km,东西宽约400km,面积达近44万 km^2 。东北平原可分为3个部分,东北部主要为由黑龙江、松花江和乌苏里江冲积而成的三江平原;南部主要为由辽河冲积而成的辽河平原;中部则为松花江和嫩江冲积而成的松嫩平原。东北平原涉及黑龙江、吉林、辽宁3省和内蒙古自治区的一部分。

东北平原主要特点是地下水资源相对丰富,地下水开采具有一定的潜力,但地下水开采存在明显的空间不均性。近年来随着农业灌溉的快速发展和良好的地下水开采条件,东北平原的地下水开采量增长明显。

(二) 地下水取水工程情况

1. 取水井数量及密度

东北平原涉及黑龙江、吉林、辽宁及内蒙古4省(自治区)的221个县级行政区,面积占全国的4.6%;东北平原取水井数量合计为794.2万眼,占全国总数的8.1%,其中规模以上机电井45.0万眼,占全国总数的10.1%,规模以下机电井504.9万眼,占全国总数的10.2%,人力井数量为244.4万眼,占全国总数的5.6%。

从东北平原的取水井类型结构来看,规模以上机电井占5.7%,规模以下机电井占63.6%,人力井占30.8%。东北平原各类取水井占比见图5-2-4,

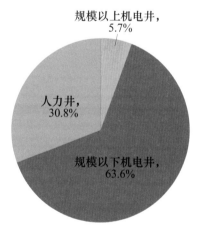

图5-2-4　东北平原各类取水井数量占比

东北平原省级行政区平原区取水井数量见表 5-2-5。

表 5-2-5　　　东北平原各省级行政区平原区取水井数量

区　域	井数/眼			
	合计	规模以上机电井	规模以下机电井	人力井
东北平原	7942476	449649	5048716	2444111
黑龙江	2655092	174194	1608428	872470
吉林	2465397	106202	1567355	791840
辽宁	2068694	57026	1426950	584718
内蒙古	753293	112227	445983	195083

从东北平原省级行政区平原区看，取水井数量最多的是黑龙江省，为265.5 万眼，占东北平原总数的 33.4％，其次为吉林、辽宁 2 省，最少的为内蒙古自治区，仅为 75.3 万眼。就规模以上机电井而言，黑龙江规模以上机电井最多，为 17.4 万眼，占东北平原总数的 38.7％，其次是内蒙古自治区、吉林省，规模以上机电井数量分别为 11.2 万眼、10.6 万眼，辽宁省规模以上机电井数量最少为 5.7 万眼。

东北平原地下水取水井密度是全国的相对高值区，其中取水井总密度为18.0 眼/km²，规模以上机电井密度为 1.0 眼/km²，规模以下机电井 11.4 眼/km²，人力井 5.5 眼/km²。东北平原涉及的 4 省（自治区）中，辽宁省取水井密度最高为 35.8 眼/km²，其次是吉林、黑龙江、内蒙古；规模以上机电井密度各省较接近，内蒙古自治区最高为 1.3 眼/km²，黑龙江省最低为 0.8 眼/km²；辽宁省规模以下机电井密度、人力井密度均最高，分别为 24.7 眼/km²、10.1眼/km²。东北平原各省级行政区平原区取水井密度见表 5-2-6。

表 5-2-6　　　东北平原省级行政区平原区不同类型取水井密度

区　域	井密度/（眼/km²）			
	合计	规模以上机电井	规模以下机电井	人力井
全国	10.4	0.47	5.25	4.65
东北平原	18.0	1.0	11.4	5.5
黑龙江	12.3	0.8	7.4	4.0
吉林	30.8	1.3	19.6	9.9
辽宁	35.8	1.0	24.7	10.1
内蒙古	8.6	1.3	5.1	2.2

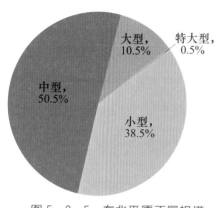

图 5-2-5 东北平原不同规模
地下水水源地数量占比

2. 地下水水源地数量

东北平原共有规模以上地下水水源地218个，占全国规模以上地下水水源地的11.8%，主要为中小型地下水水源地。其中，小型地下水水源地84个，占东北平原地下水水源地的38.5%，中型地下水水源地110个，占东北平原地下水水源地的50.5%，大型地下水水源地23个，占东北平原地下水水源地的10.5%，特大型地下水水源地1个，占东北平原地下水水源地的0.5%。东北平原不同规模地下水水源地数量占比情况见图5-2-5。

从东北平原省级行政区地下水水源地分布来看，辽宁省地下水水源地数量较多，黑龙江次之，2省地下水水源地数量占东北平原总数的82%，内蒙古自治区地下水水源地最少，为11个。东北平原省级行政区平原区地下水水源地数量见表5-2-7。

表 5-2-7　　　东北平原省级行政区平原区规模以上地下水水源地数量

区　域	合计/个	按日取水规模分/个			
		$0.5 \leqslant W_日 < 1$	$1 \leqslant W_日 < 5$	$5 \leqslant W_日 < 15$	$W_日 \geqslant 15$
东北平原	218	84	110	23	1
黑龙江	81	34	45	2	0
吉林	28	14	11	3	0
辽宁	98	33	46	18	1
内蒙古	11	3	8	0	0

注　$W_日$ 为地下水水源地的日取水规模，单位为万 m^3/d。

（三）地下水开发利用情况

2011年东北平原地下水开采量合计240.98亿 m^3。其中，浅层地下水开采量226.59亿 m^3，占比94.0%；深层承压水开采量14.39亿 m^3，占比6.0%，主要集中在黑龙江、吉林2省平原区，辽宁存在少量深层承压水开采。东北平原地下水开采量中，用于灌溉的水量最多，为207.78亿 m^3，占比86.2%；用于工业、城镇生活、乡村生活的水量共33.20亿 m^3，占比13.8%。

东北平原2011年地下水开采量主要集中在黑龙江省，为138.94亿 m^3，占东北平原地下水开采总量的57.6%，其次为辽宁、吉林、内蒙古，地下水开采量差异不大。东北平原各省地下水开采均主要用于农业灌溉，其中辽宁省地下水开采用于工业和生活的比例相对较高，为 32.8%。东北平原省级行政区开发利用情况见表 5-2-8，东北平原省级行政区地下水开采量见图 5-2-6。

表 5-2-8　　　　　东北平原省级行政区地下水开发利用情况

区　　域	开采量/万 m³			地下水开采模数 /[万 m³/（km²·a）]	2011 年浅层 地下水开采系数 /%
	合计	灌溉	供水		
全国	10812483	7528038	3284445	3.1	63
东北平原	2409810	2077756	332054	5.5	74
黑龙江	1389432	1289008	100425	6.4	84
吉林	331023	248070	82954	4.1	60
辽宁	394245	264999	129246	6.9	71
内蒙古	295109	275680	19430	3.4	57

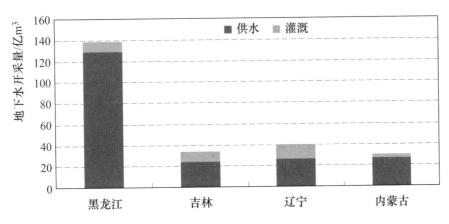

图 5-2-6　东北平原省级行政区地下水开采量分布

　　从开采模数来看，东北平原 2011 年地下水开采模数明显高于全国平均值。其中，黑龙江、辽宁 2 省平原区地下水开采模数均较高，分别为 6.4 万 m³/（km²·a）、6.9 万 m³/（km²·a），吉林、内蒙古 2 省（自治区）平原区地下水开采模数相对较低，均高于全国平均开采模数。

　　东北平原 2011 年浅层地下水开采系数在 74% 左右，其中黑龙江省平原区 2011 年浅层地下水开采系数约 84%，局部地区如鹤岗、双鸭山、鸡西、佳木斯 4 地市 2011 年地下水实际开采量大于多年平均可开采量；辽宁省沈阳、锦州、鞍山 3 地市、内蒙古的通辽市 2011 年地下水实际开采量小于多年平均可开采量，但城市市区等局部范围位于现状浅层地下水超采区。

三、西北地区

（一）基本情况

西北地区包括陕西、宁夏、甘肃、青海、新疆以及内蒙古中西部，面积约351万 km²，50％为平原。西北地区地处内陆，为典型的大陆性气候，夏季炎热，冬季严寒，降水稀少，终年干旱，降水量由东部的400mm递减到西部的50mm，大部分地区不足200mm。西北地区植被稀疏，沙漠广布，冬春多风沙，大风卷起地面的沙尘，形成弥天的沙尘暴。西北地区水资源短缺，生态环境脆弱，水资源开发利用程度较高。

（二）地下水取水工程情况

1. 取水井数量及密度

西北地区涉及陕西、青海、甘肃、宁夏、新疆、内蒙古6省（自治区）的

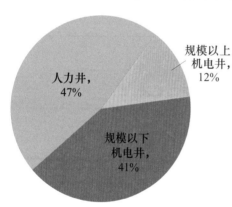

图5-2-7　西北地区各类取水井数量占比

410个县级行政区，面积占全国的36.9％。西北地区地域广阔，地下水资源缺乏，地下水取水井数量相对较少，井密度较低，但部分地区地下水取水井数量较多，密度较高。依据普查基础数据统计，西北地区取水井合计351.4万眼，占全国总数的3.6％，其中，规模以上机电井43.9万眼，占全国总数的9.9％，规模以下机电井143.0万眼，占全国总数的2.9％，人力井数量为164.6万眼，占全国总数的3.8％。

从西北地区的取水井类型结构来看，规模以上机电井占12％，规模以下机电井占41％，人力井占47％。西北地区各类取水井占比见图5-2-7，西北地区各省级行政区取水井数量见表5-2-9。

表5-2-9　　　西北地区各省级行政区不同类型取水井数量

区　域	井数/眼			
	合　计	规模以上机电井	规模以下机电井	人力井
西北地区	3514308	438537	1430116	1645655
内蒙古	547528	129805	198122	219601
陕西	1436791	146177	810917	479697
甘肃	501309	51845	154047	295417
青海	74930	1307	14333	59290
宁夏	338612	9981	114773	213858
新疆	615138	99422	137924	377792

从西北地区各省级行政区看，陕西省取水井数量最多，为143.7万眼，占西北地区总数的40.9%，其次为新疆维吾尔自治区，取水井数量最少的是青海省，为7.5万眼；西北地区规模以上机电井分布不均匀，内蒙古、陕西、新疆3省（自治区）规模以上机电井数量占西北地区总数的85.6%，青海、宁夏规模以上机电井数量较少。

从西北地区地下水取水井密度来看，各类井密度均明显低于全国平均值，总取水井密度为0.98眼/km²，其中规模以上机电井密度为0.12眼/km²，规模以下机电井0.40眼/km²，人力井0.46眼/km²。但西北地区局部区域地下水取水井数量较多，井密度较高，如新疆的天山北坡地区、吐哈盆地，关中天水地区和河西走廊地区等，多位于地下水超采区范围。西北地区各省级行政区不同类型取水井密度见表5-2-10。

表5-2-10 西北地区各省级行政区不同类型取水井密度

区　域	井密度/（眼/km²）			
	合计	规模以上机电井	规模以下机电井	人力井
全国	10.4	0.47	5.25	4.65
西北地区	0.98	0.12	0.40	0.46
内蒙古	1.04	0.25	0.38	0.42
陕西	6.99	0.71	3.94	2.33
甘肃	1.15	0.12	0.35	0.68
青海	0.11	0.002	0.02	0.09
宁夏	5.10	0.15	1.73	3.22
新疆	0.38	0.06	0.08	0.23

2. 地下水水源地数量

西北地区规模以上地下水水源地429个，占全国规模以上地下水水源地的23.3%，其中，小型地下水水源地199个，占西北地区地下水水源地的46.4%，中型地下水水源地184个，占西北地区地下水水源地的42.9%，大型地下水水源地42个，占西北地区地下水水源地的9.8%，特大型地下水水源地4个，占西北地区原地下水水源地的0.9%。西北地区地下水水源地规模组成见图5-2-8和表5-2-11。

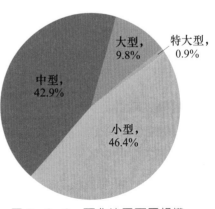

图5-2-8 西北地区不同规模地下水水源地数量占比

从西北地区各省级行政区地下水水源地分布来看，内蒙古、新疆、陕西地下水水源地数量明较多，合计 319 个，占西北地区总数的 74％，其次为青海、甘肃，宁夏规模以上地下水水源地最少，为 29 个。

表 5 - 2 - 11　　西北地区省级行政区规模以上地下水水源地数量

区　域	合计/个	按日取水规模分/个			
		$0.5 \leqslant W_日 < 1$	$1 \leqslant W_日 < 5$	$5 \leqslant W_日 < 15$	$W_日 \geqslant 15$
西北地区	429	199	184	42	4
内蒙古	121	62	55	4	0
陕西	87	56	26	4	1
甘肃	40	20	17	3	0
青海	41	18	15	7	1
宁夏	29	10	15	4	0
新疆	111	33	56	20	2

注　$W_日$ 为地下水水源地的日取水规模，单位为万 m^3/d。

（三）地下水开发利用情况

西北地区地下水资源量缺乏，国土面积广阔，总体来说地下水开采量相对较少，开采模数不高，但局部地区开采量集中、开采强度大。2011 年西北地区地下水开采量合计 226.76 亿 m^3。其中，浅层地下水开采量 215.84 亿 m^3，占比 95.2％；深层承压水开采量 10.92 亿 m^3，占比 4.8％，主要集中在陕西、宁夏 2 省（自治区），内蒙古、甘肃、青海 3 省（自治区）存在少量深层承压水开采；西北地区地下水开采量中，用于农业灌溉的水量最多，为 184.58 亿 m^3，占比 81.5％，用于工业、城镇生活、乡村生活的水量 42.18 亿 m^3，占比 19.5％。

西北地区 2011 年地下水开采量主要集中在新疆，为 122.88 亿 m^3，占西北地区地下水开采总量的 54.2％，其次为内蒙古、甘肃 2 省（自治区）。西北地区内蒙古、陕西、甘肃、新疆各省（自治区）地下水开采均主要用于农业灌溉，青海、宁夏地下水开采用于工业和生活的比例相对较高。西北地区各省级行政区开发利用情况见表 5 - 2 - 12，西北地区各省级行政区地下水开采量见图 5 - 2 - 9。

从地下水开采模数来看，西北地区 2011 年地下水开采模数总体看明显低于全国平均值，仅为 0.64 万 $m^3/(km^2 \cdot a)$，与西北地区地域广泛、水资源缺

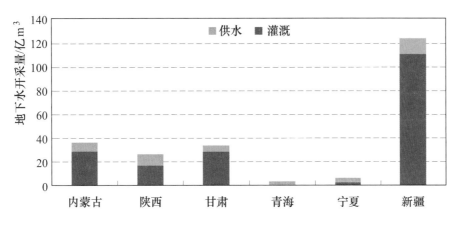

图 5-2-9 西北地区各省级行政区地下水开采量

乏等因素密切相关。但局部地区地下水开采量相当集中，开采强度明显较高，如新疆的天山北坡地区、陕西与甘肃境内的关中地区、宁夏沿黄地区，地下水实际开采模数分别达 3.37 万 $m^3/(km^2 \cdot a)$、2.22 万 $m^3/(km^2 \cdot a)$ 和 1.56 万 $m^3/(km^2 \cdot a)$。

表 5-2-12   西北地区各省级行政区开发利用情况

区 域	地下水开采量/万 m^3			平原地下水开采模数 /[万 $m^3/(km^2 \cdot a)$]	2011 年平原浅层 地下水开采系数 /%
	合 计	灌 溉	供 水		
全国	10812483	7528038	3284445	3.1	63
西北地区	2267649	1845800	421849	0.64	67
内蒙古	357626	282083	75543	0.68	75
陕西	259379	163619	95760	1.26	39
甘肃	331181	278584	52598	0.76	106
青海	31183	2474	28709	0.05	9
宁夏	59521	21422	38099	0.90	15
新疆	1228758	1097618	131140	0.75	80

西北地区 2011 年浅层地下水开采系数在 67% 左右，但局部地区 2011 年浅层地下水开采系数已经超过 100%，如新疆的乌鲁木齐、吐鲁番、哈密、昌吉、塔城、石河子等地州，甘肃的嘉峪关、张掖、金昌、酒泉等地市；地下水的持续过量开采已经形成较大范围的地下水漏斗区。

第三节　主要功能区地下水开发利用情况

本节依据《全国主体功能区规划》确定的重要经济区、能源基地、粮食主产区、重点生态功能区，结合全国水中长期供求规划对重点区域范围的界定，制定了各重点功能区分县范围名录，对重点功能区地下水开发利用状况进行了综合分析与评价。

一、重要经济区

（一）基本情况

全国 3 大国家级优先开发区域和 18 个国家层面重点开发区域进一步细分为 27 个重要经济区，共涉及全国 31 个省（自治区、直辖市），包含 212 个地级市的 1754 个县级行政区，总面积约 284 万 km^2，占全国国土面积的29.6%；经济区 2011 年底总人口约 9.81 亿人，占全国总人口的 73.0%；地区生产总值 41.9 万亿元，占全国总数的 80.0%；地区工业增加值 18.0 万亿元，占全国总数的 81.4%。

（二）地下水取水工程情况

1. 取水井数量及密度

全国 27 个重要经济区范围内地下水取水井数量合计 7452.4 万眼，占全国地下水取水井数量的 76.5%；其中，规模以上机电井为 346.2 万眼，占全国规模以上机电井数量的 77.8%；规模以下机电井 3857.5 万眼，占 78.1%；人力井 3248.7 万眼，占 74.4%。

从重要经济区范围内地下水取水井的分类取水井结构来看，规模以上机电井占 4.6%，规模以下机电井占 51.8%，人力井占 43.6%，重要经济区不同类型取水井占比见图 5-3-1。

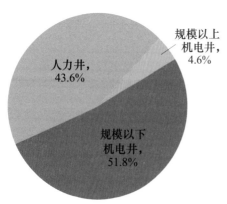

图 5-3-1　重要经济区不同类型取水井占比

从地下水取水井的数量来看，总体来说北方经济区地下水取水井数量多于南方经济区，东部经济区多于西部经济区。具体来说，经济区取水井数量分布如下。

（1）中原经济区、成都经济区地下水取水井数量明显较多，辽中南地区、长江三角洲地区、环长株潭城市群、鄱阳湖生态经济区取水井数量亦较多，黔中地区、滇中地区、藏中南地区、兰州-西宁地区、宁夏沿黄经济区、天山北坡经济区等西部经济区取水井数量明显较少。

（2）规模以上机电井数量在经济区更为集中，中原经济区、冀中南地区、京津冀地区、山东半岛地区 4 个经济区规模以上机电井 279.8 万眼，占经济区规模以上机电井总数 80.8％，其他经济区规模以上机电井数量较少，西部经济区更少。

（3）规模以下机电井、人力井的数量在中原经济区、成都经济区分布明显较多，在辽中南地区、长江三角洲地区、环长株潭城市群亦较多，西部经济区较少。

重要经济区各类取水井数量见附表 A25，重要经济区地下水取水井数量、规模以上机电井数量见图 5-3-2 和图 5-3-3。

从地下水取水井密度来看，全国重要经济区各类取水井密度均高于全国平均值，其中，取水井密度平均为 26.3 眼/km²，规模以上机电井密度为 1.2 眼/km²，规模以下机电井及人力井密度为 25.1 眼/km²。北方经济区井密度相对较大，尤其是地处黄淮海平原的中原经济区、环渤海地区，西部经济区各类井总体密度均较低，但部分经济区局部井密度较高；南方经济区规模以上机电井密度明显较小，但部分经济区规模以下机电井密度、人力井密度较大（如成都经济区、东陇海地区）。具体来说，经济区井密度分布特点如下。

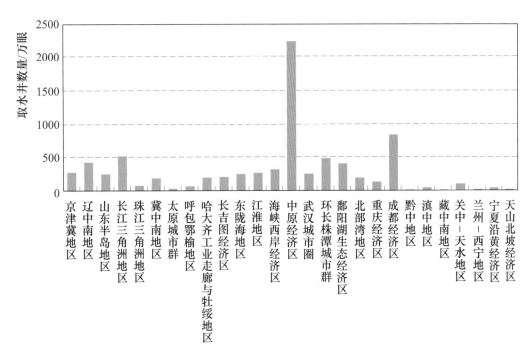

图 5-3-2　重要经济区地下水取水井数量

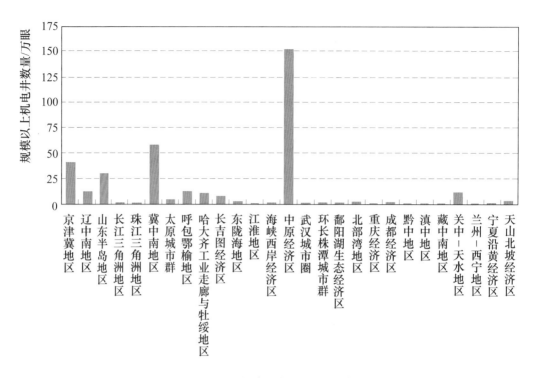

图 5-3-3　重要经济区规模以上机电井数量

（1）从取水井密度来看，最高的是东陇海地区，为 99.0 眼/km²，其次是中原经济区，为 88.3 眼/km²，武汉城市圈、环长株潭城市群、江淮地区、辽中南地区、山东半岛地区、长江三角洲地区取水井井密度亦相对较大，黔中地区、滇中地区、藏中南地区、兰州-西宁地区、宁夏沿黄经济区等西部经济区密度较低。

（2）从规模以上机电井密度来看，最大的是冀中南地区，为 8.3 眼/km²，其次是中原经济区、山东半岛地区、京津冀地区，其他经济区规模以上机电井密度一般均在 1.5 眼/km² 以下。

（3）从规模以下机电井密度来看，最大的是中原经济区，为 42.1 眼/km²，其次是成都经济区、东陇海地区、环长株潭城市群、辽中南地区，黔中地区、滇中地区、藏中南地区、兰州-西宁地区、宁夏沿黄经济区、天山北坡经济区等西部经济区密度均较低。

（4）从人力井密度最高的是东陇海地区，为 61.5 眼/km²，其次是长江三角洲地区、中原经济区，黔中地区、滇中地区、藏中南地区、兰州-西宁地区、天山北坡经济区等西部经济区密度均较低。

重要经济区各类取水井密度见附表 A25，重要经济区地下水取水井密度、规模以上机电井密度见图 5-3-4 和图 5-3-5。

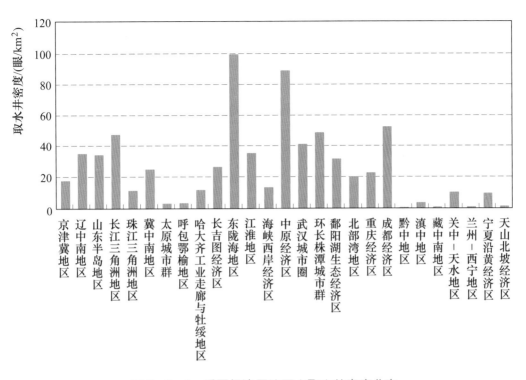

图 5－3－4　重要经济区地下水取水井密度分布

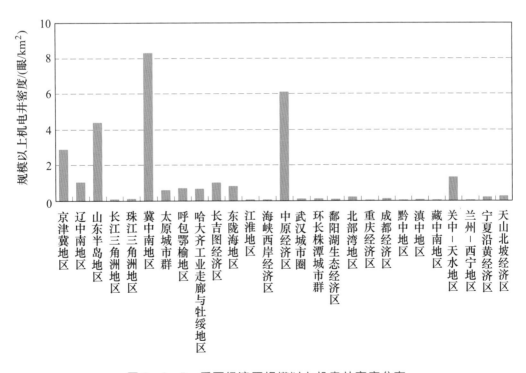

图 5－3－5　重要经济区规模以上机电井密度分布

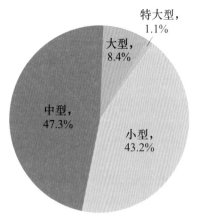

图 5 - 3 - 6　重要经济区不同规模
地下水水源地数量占比

2. 地下水水源地数量

全国 27 个重要经济区共有规模以上地下水水源地 1267 个，占全国总数的 68.8%，主要为中小型地下水水源地。其中，小型地下水水源地 547 个，占经济区地下水水源地数量的 43.2%，中型地下水水源地 600 个，占经济区地下水水源地数量的 47.3%，大型地下水水源地 106 个，占 8.4%，特大型地下水水源地 14 个，占 1.1%。重要经济区不同规模地下水水源地数量占比见图 5 - 3 - 6。

从各重要经济区规模以上地下水水源地分布来看，北方平原地区重要经济区规模以上地下水水源地数量明显较多，中原经济区、京津冀地区、辽中南地区、呼包鄂榆地区、山东半岛地区、关中-天水地区 6 个经济区均较多，合计 806 个，占重要经济区规模以上地下水水源地数量的 63.6%。重要经济区规模以上地下水水源地数量见附表 A25 和图 5 - 3 - 7。

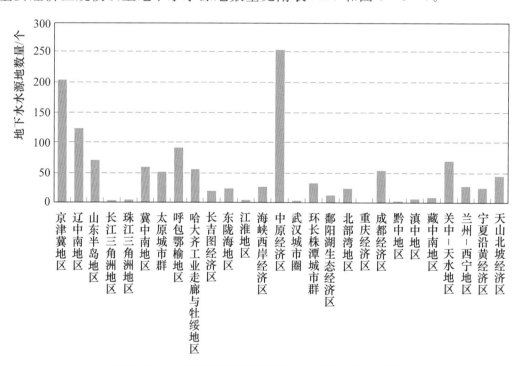

图 5 - 3 - 7　重要经济区规模以上地下水水源地数量

（三）地下水开发利用情况

1. 地下水开采量

全国 27 个重要经济区 2011 年地下水开采量合计 667.75 亿 m³，占全国地下水开采量的 61.8%；其中，浅层地下水开采量 587.24 亿 m³，占比 87.9%；深层承压水开采量 80.51 亿 m³，占比 12.1%。重要经济区地下水开采量见附表 A26，重要经济区不同类型取水井开采量占比见图 5-3-8。

从重要经济区地下水开采用途来看，用于农业灌溉的地下水开采量共 428.97 亿 m³，占重要经济区地下水开采量的 64.2%；其次是乡村生活，为 121.55 亿 m³，占比 18.2%；然后是城镇生活和工业。重要经济区不同用途地下水开采量占比情况见图 5-3-9。

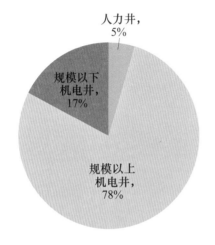

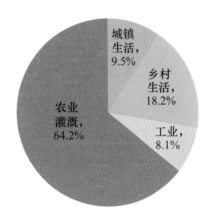

图 5-3-8　重要经济区不同类型　　　　图 5-3-9　重要经济区不同
取水井开采量占比　　　　　　　用途地下水开采量占比

全国 27 个重要经济区地下水开采量差异较大，北方经济区地下水开采量一般大于南方经济区。地下水开采量较多的中原经济区、冀中南地区、京津冀地区、辽中南地区 4 大北方经济区 2011 年合计开采地下水 388.9 亿，占全国 27 个重要经济区地下水开采量的 58.2%；南方经济区地表水丰富，地下水开采量较小；西部地区的经济区地下水开采量一般较小，但天山北坡经济区、关中-天水地区近年来经济发展迅速，地下水开采量增大较快，2011 年地下水开采量分别达到 39.19 亿 m³ 和 19.43 亿 m³。重要经济区 2011 年地下水开采量见图 5-3-10。

2. 地下水开采模数

全国 27 个重要经济区地下水开采模数整体高于全国平均值，为 2.36 万 m³/(km²·a)，但各经济区之间差异较大。开采模数最高的冀中南地区高达 13.9 万 m³/(km²·a)，津京冀地区、辽中南地区、山东半岛、中原经济区等北方经济区开采模数较大，均在 4.0 万 m³/(km²·a) 以上；西北地区的天山北坡经济区、关中-天水地区、宁夏沿黄经济区地下水开采模数亦较大；南方

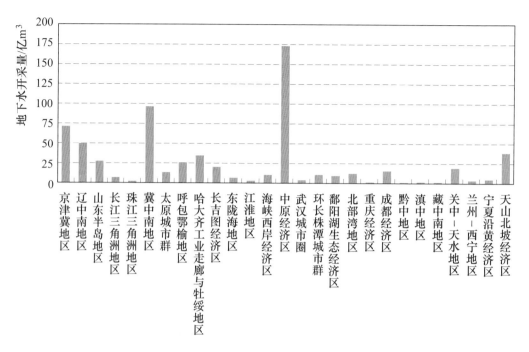

图 5-3-10　重要经济区 2011 年地下水开采量分布

经济区地下水开采模数较小，其中藏中南地区、黔中地区、滇中地区经济区地下开采模数明显较小，在 0.2 万 $m^3/(km^2 \cdot a)$ 以下。重要经济区地下水开采模数见附表 A26，重要经济区地下水开采模数分布见图 5-3-11。

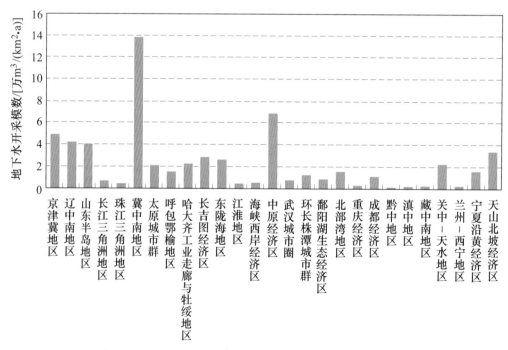

图 5-3-11　重要经济区 2011 年地下水开采模数分布

3. 地下水开采系数

全国 27 个经济区 2011 年平原浅层地下水开采系数平均约 0.64，与全国平均值基本持平，但各经济区之间差异明显。其中，冀中南地区、天山北坡经济区 2011 年平原浅层地下水开采系数超过 100%；山东半岛地区、太原城市群、中原经济区 2011 年平原浅层地下水开采系数接近或达到 100%。重要经济区 2011 年平原浅层地下水开采系数见表 5-3-1。

表 5-3-1　　重要经济区 2011 年平原浅层地下水开采系数

重要经济区	平原区浅层地下水开采量 /万 m³	2011 年平原区浅层地下水开采系数 /%
京津冀地区	394143	71
辽中南地区	384780	73
山东半岛地区	191959	97
长江三角洲地区	24665	6
珠江三角洲地区	8768	6
冀中南地区	706315	136
太原城市群	87569	100
呼包鄂榆地区	209820	62
哈大齐工业走廊与牡绥地区	243375	38
长吉图经济区	117382	55
东陇海地区	25169	15
江淮地区	4273	3
海峡西岸经济区	23328	34
中原经济区	1431922	88
武汉城市圈	18877	9
环长株潭城市群	30653	19
鄱阳湖生态经济区	48684	28
北部湾地区	49577	18
重庆经济区	0	—
成都经济区	73880	39
黔中地区	0	—
滇中地区	0	—
藏中南地区	231	2
关中-天水地区	114708	46
兰州-西宁地区	17776	20
宁夏沿黄经济区	26266	19
天山北坡经济区	381793	211

4. 地下水供水占经济社会用水比例

全国 27 个重要经济区地下水开采量为 667.75 亿 m³，其中灌溉取水量为 428.97 亿 m³，占重要经济区地下水开采量的 64.2%，工业及生活用途取水量为 238.78 亿 m³，占重要经济区地下水开采量的 35.8%。

全国 27 个重要经济区的经济社会总用水量中地下水占 17.2%，灌溉用水总量中地下水占 18.8%，工业及生活用水总量中地下水占 15.0%，与全国均值持平。

从各重要经济区经济社会用水中地下水占比分布情况来看，地下水占比变化范围在 0.8%～82.5% 区间。总体来说，北方经济区经济社会用水中地下水比例高于南方经济区，东部经济区地下水比例高于西部经济区。具体来说，经济社会用水中地下水比例最高的是冀中南地区，为 82.5%，其次为京津冀地区、呼包鄂榆地区、太原城市群、中原经济区，地下水比例均接近或超过 50%；南方经济区地下水比例一般在 10% 以内，西部重要经济区地下水比例一般较低，但关中-天水地区、天山北坡经济区地下水比例较高。重要经济区经济社会用水中地下水占比分布情况见附表 A26 和图 5-3-12、图 5-3-13。

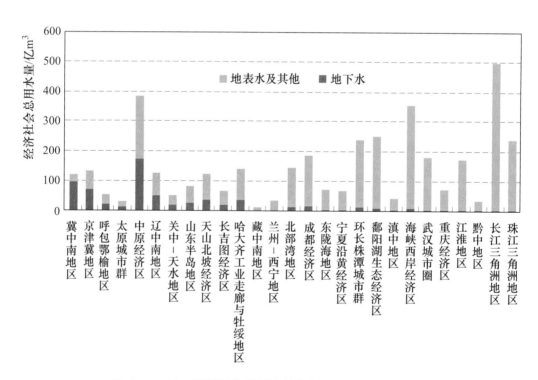

图 5-3-12 重要经济区经济社会用水量水源组成情况

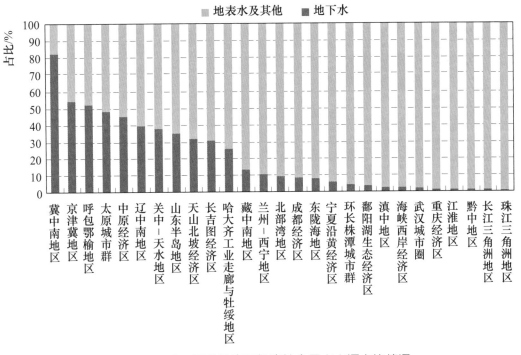

图 5-3-13　重要经济区经济社会用水水源占比情况

二、能源基地

(一) 基本情况

全国 5 大能源片区 17 个能源基地，涉及煤炭开采、煤电开发、石油开采、天然气开采等诸多类型，覆盖全国 11 个省（自治区），55 个地级市，257 个县级行政区，面积 101 万 km^2，占全国国土面积的 10.5%；能源基地 2011 年底总人口约 0.78 亿人，占全国总人口的 5.8%；能源基地地区生产总值 3.5 万亿元，占全国总数的 6.6%；能源基地工业增加值 1.6 万亿元，占全国总数的 7.3%。

(二) 地下水取水工程情况

1. 取水井数量及密度

全国 5 大能源片区 17 个能源基地范围内取水井数量合计为 201.6 万眼，占全国取水井数量的 2.1%，其中，规模以上机电井 24.7 万眼，占全国规模以上机电井数量的 5.6%；规模以下机电井为 109.5 万眼，占全国规模以下机电井数量的 2.2%；人力井 67.3 万眼，占全国人力井总数的 1.5%。从能源基地地下水取水井的分类数量结构来看，规模以上机电井占 12.3%，规模以下机电井占 54.3%，人力井占 33.4%。能源基地不同类型地下水取水井数量占比见图 5-3-14。

各能源基地的地理位置、覆盖范围、产业结构和水资源条件各不相同，取

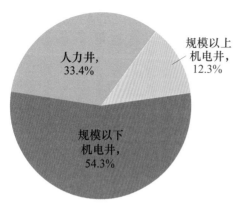

图 5-3-14 能源基地不同类型
地下水取水井数量占比

水井数量存在较大差异，东部能源基地取水井数量相对较多，具体分布特点如下。

（1）从 5 大能源片区来看，东北地区和鄂尔多斯盆地 2 片地区的能源基取水井数量均较多，地下水取水井数量合计 145.6 万眼，占 5 大片能源基地总井数的 72.2%，其中规模以上机电井 17.0 万眼，占能源基地规模以上机电井总数的 68.9%，规模以下机电井 81.3 万眼，占能源基地规模以下机电井总数的 74.2%，人力井合计 47.2 万眼，占能源基地人力井总数的 70.1%。

（2）从 17 个能源基地来看，蒙东（东北）煤炭基地地下水取水井数量最多，取水井数量为 53.8 万眼，占能源基地总井数的 26.7%，其中规模以上机电井 3.5 万眼，占能源基地规模以上机电井总数的 14.1%，其次是陕北能源化工基地、大庆油田、鄂尔多斯市能源与重化工产业基地，其他煤炭基地取水井数量较少。能源基地地下水取水井数量见附表 A27，地下水取水井数量分布、规模以上机电井数量分布见图 5-3-15 和图 5-3-16。

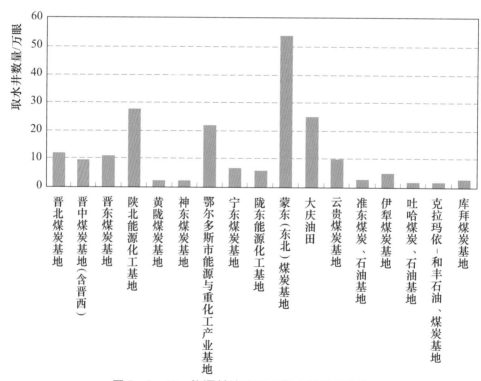

图 5-3-15 能源基地地下水取水井数量分布

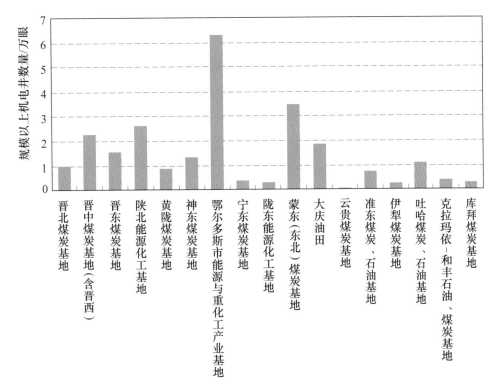

图 5 - 3 - 16　能源基地规模以上机电井数量分布

从地下水取水井密度来看，能源基地平均取水井密度明显小于全国平均值，其中，取水井密度平均为 1.97 眼/km²，规模以上机电井密度为 0.24 眼/km²，规模以下机电井及人力井密度为 1.73 眼/km²。5 大能源片区的取水井密度差异较大，北方的东北地区、鄂尔多斯盆地、山西片各能源基地取水井密度相对较大，其他能源基地井密度明显较小。其中，东北地区的大庆油田取水井密度、规模以上机电井密度、规模以下机电井密度、人力井密度均最大，分别为 11.2 眼/km²、0.84 眼/km²、5.27 眼/km²、5.07 眼/km²，略高于全国平均值，其他能源基地各类取水井密度均较小，一般均小于全国平均值。能源基地地下水取水井密度见附表 A27，地下水取水井密度、规模以上机电井密度分布情况见图 5 - 3 - 17 和图 5 - 3 - 18。

2. 地下水水源地数量

全国 5 片 17 个能源基地共有规模以上地下水水源地 303 个，占全国规模以上地下水水源地数量的 16.5%。能源基地地下水水源地主要为中小型水源地，其中，小型地下水水源地 141 个，占能源基地地下水水源地数量的 46.5%；中型地下水水源地 141 个，占能源基地地下水水源地的 46.5%；大型地下水水源地 19 个，占能源基地地下水水源地的 6.3%；特大型地下水水

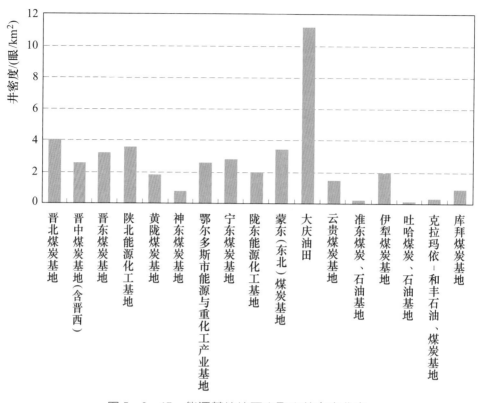

图 5-3-17 能源基地地下水取水井密度分布

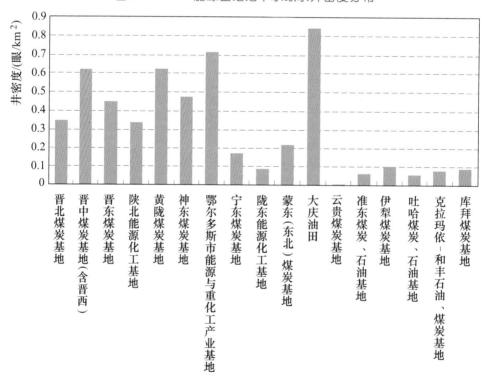

图 5-3-18 能源基地规模以上机电井密度分布

源地 2 个,占能源基地地下水水源地的 0.7%。不同规模地下水水源地数量占
比见图 5-3-19。

5 大能源片区中,鄂尔多斯盆地地下水水源地数量最多,为 110 个,占能
源基地规模以上地下水水源地数量的 36.3%;西南地区能源基地规模以上水
源地数量仅 2 个,占能源基地规模以上地下水水源地的 0.7%。5 大能源片区
规模以上地下水水源地数量占比见图 5-3-20。

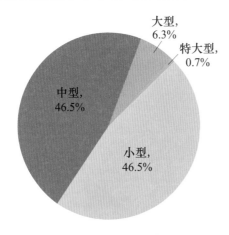

图 5-3-19　能源基地地下水水源地规模　　图 5-3-20　能源片区地下水水源地分布

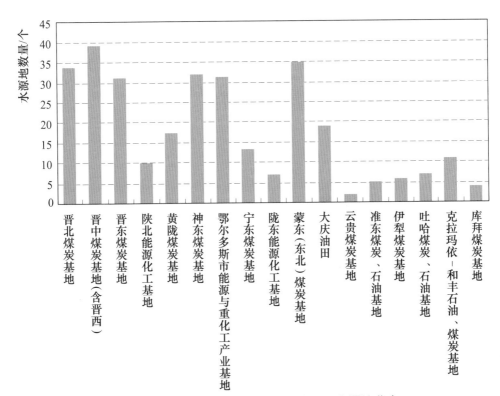

图 5-3-21　能源基地规模以上地下水水源地分布

17个能源基地中，晋中煤炭基地（含晋西）规模以上地下水水源地最多，其次是蒙东（东北）煤炭基地，西部能源基地范围内的规模以上地下水水源地较少。地下水水源地分布情况见图5-3-21。

（三）地下水开发利用情况

1. 地下水开采量

全国5大能源片区17个能源基地2011年地下水开采量为121.30亿 m³，占全国地下水开采量的11.2%。其中，浅层地下水开采量116.44亿 m³，占比96.0%，深层承压水开采量4.86亿 m³，占比4.0%。能源基地地下水开采量成果见附表A28，不同类型地下水取水井开采量占比见图5-3-22。

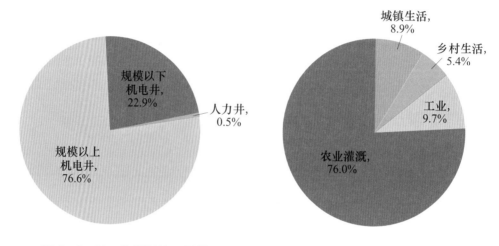

图5-3-22 能源基地不同类型
地下水取水井开采量占比

图5-3-23 能源基地不同用途
地下水开采量占比

能源基地范围内地下水开采主要用于农业灌溉，为92.21亿 m³，占能源基地地下水开采量的76.0%，用于工业的地下水开采量11.73亿 m³，占比

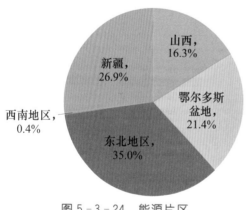

图5-3-24 能源片区
地下水开采量占比

9.7%。能源基地不同用途地下水开采量占比见图5-3-23。

各能源基地地下水开采量差异较大，与能源基地所处地理位置、区域水资源条件、能源基地范围等密切相关。从5大能源片区来看，除西南地区片地下水开采量明显较少外，其他4大能源片区均位于北方地区，地下水开采量相对较多。从17个能源基地来看，蒙东（东北）煤炭基地地下水开采量最大，为 39.23 亿 m³，其次是吐哈煤炭、石油基地、鄂尔多斯市能源与重化工产业基地等，其地下水开采量相对较小。5 大能源片区地下水开采量占比情况见图 5-3-24。17 个能源基地地下水开采量分布见图 5-3-25。

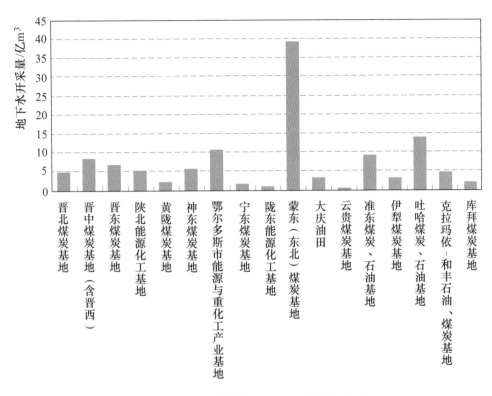

图 5-3-25　能源基地地下水开采量分布

2. 地下水开采模数

全国 5 大能源片区 17 个能源基地地下水开采模数平均为 1.19 万 m³/(km²·a)，总体来看与全国平均值持平，但各能源基地存在差异。从 5 大能源片区看，地下水开采模数最高的是东北地区，为 2.35 万 m³/(km²·a)，其次是山西片，地下水开采模数为 1.97 万 m³/(km²·a)，其他能源片区地下水开采模数均小于全国平均值，其中云贵煤炭基地最低。从 17 个能源基地看，地下水开采模数最高的是蒙东（东北）煤炭基地，为 2.48 万 m³/(km²·a)，其次是晋中煤炭基地（含晋西）、晋东煤炭基地、神东煤炭基地、晋北煤炭基地、黄陇煤炭基地、大庆油田、鄂尔多斯市能源与重化工产业基地、伊犁煤炭基地，地下水开采模数大于全国平均值。能源基地区地下水开采模数见附表 A28，能源基地区地下水开采模数分布见图 5-3-26。

3. 地下水开采系数

全国 17 个能源基地平原区浅层地下水开采系数平均约 68%，略高于全国

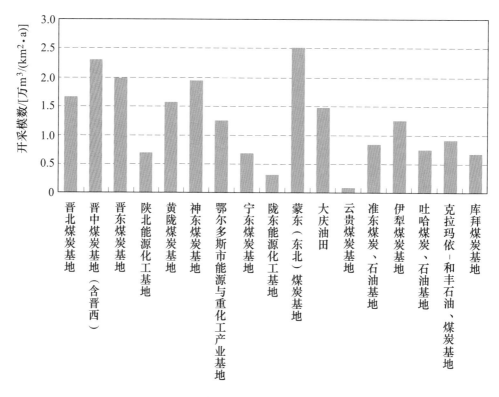

图 5-3-26　能源基地地下水开采模数分布

平均值，但各能源基地差异较大。其中，吐哈煤炭石油基地 2011 年平原浅层地下水开采系数最高，超过 100%；晋中煤炭基地（含晋西）、蒙东（东北）煤炭基地 2011 年平原浅层地下水开采系数亦接近或高于 100%；其他煤炭基地 2011 年平原浅层地下水开采系数相对较低。重要能源基地 2011 年平原浅层地下水开采系数见附表 A28。

4. 地下水供水占经济社会用水比重

全国 17 个能源基地地下水开采量为 121.30 亿 m³，其中，76.0% 用于农业灌溉，24.0% 用于生活及工业供水。地下水取水井与经济社会用水调查跨专业汇总分析结果显示：经济社会总用水量中地下水占 31.0%，灌溉总水量中地下水占 31.1%，工业及生活用水总量中地下水占 30.6%，各能源基地经济社会用水量中地下水占比整体明显高于全国平均值，主要与能源基地绝大部分位于北方地区有关。

从 17 个能源基地经济社会用水中地下水占比分布情况来看，地下水占比变化范围很大，在 1.5%～61.0% 之间。经济社会用水量中地下水比例超过 50% 的依次有吐哈煤炭、石油基地、鄂尔多斯市能源与重化工产业基地、蒙东（东北）煤炭基地、晋北煤炭基地、陕北能源化工基地等 5 个能源基地，地下水比例低于10%有伊犁煤炭基地、宁东煤炭基地、库拜煤炭基地、云贵煤炭基地。

能源基地经济社会用水中地下水水源占比情况见附表A28，能源基地经济社会用水水源组成及占比情况见图5-3-27和图5-3-28。

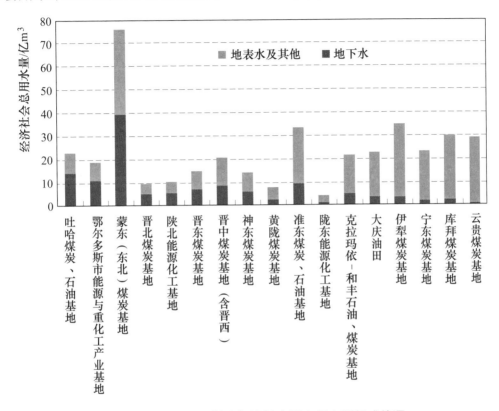

图5-3-27　能源基地经济社会用水量水源组成情况

三、粮食主产区

地下水是我国粮食生产的重要水源之一，尤其对于北方水资源紧缺地区其重要性更加凸显，本节主要对全国7大粮食主产区17片粮食产业带，共计898个粮食主产县的地下水开发利用情况等普查成果进行了综合分析。

（一）基本情况

全国7区17片粮食产业带共涉及26个省（直辖市、自治区）的221个地级市，共包含粮食主产县898个。粮食主产区总面积约273万 km²，占国土面积的28.3%；粮食主产区耕地面积10.2亿亩，占全国耕地面积的55.5%；粮食主产区2011年底总人口约5.02亿人，占全国总人口的37.0%；粮食主产区地区生产总值13.7万亿人民币，占全国总数的26.1%；粮食主产区2010年粮食总产量4.05亿 t，占全国粮食总产量的74.1%。

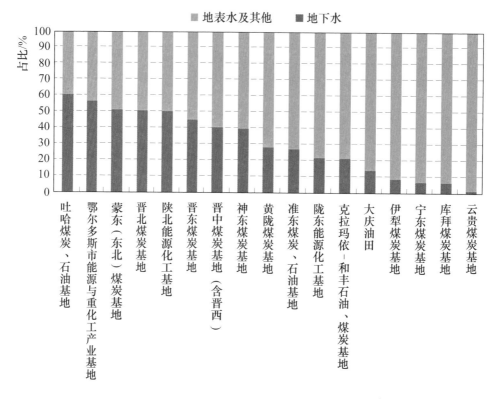

图 5-3-28　能源基地经济社会用水水源比例情况

（二）地下水取水工程情况

1. 取水井数量

全国 7 区 17 片粮食产业带范围内取水井数量合计 6262.4 万眼，占全国取水井数量的 64.2%；其中规模以上机电井 333.1 万眼，占全国规模以上机电井数量的 74.8%，规模以下机电井为 3265.6 万眼，占全国规模以下机电井数量的 66.2%，人力井 2663.7 万眼，占全国人力井总数的 61.0%。粮食主产区

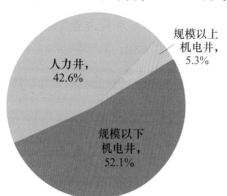

图 5-3-29　粮食主产区不同类型
地下水取水井数量占比

不同类型地下水取水井数量见附表 A29，粮食主产区不同类型取水井数量占比见图 5-3-29。

各粮食主产区的取水井数量及井密度亦存在较大差异，总体来说主要分布在东北、华北和长江流域片，具体如下。

（1）7 大粮食主产区中，黄淮海平原、东北平原、长江流域三大粮食主产区地下水取水井数量十分集中，共有地下水取水井 5983.1 万眼，占粮食主产区取水井总数的

95.5%，其中规模以上机电井307.6万眼，占粮食主产区规模以上机电井总数的92.3%，规模以下机电井及人力井合计5675.5万眼，占粮食主产区总数的95.7%。黄淮海平原粮食主产区地下水取水井数量最为集中，地下水取水井数、规模以上机电井数量、规模以下机电井及人力井数量均位列第一，分别占粮食主产区总数的46.0%、73.5%、44.5%。7大粮食主产区各类取水井数量分布见图5-3-30和图5-3-31。

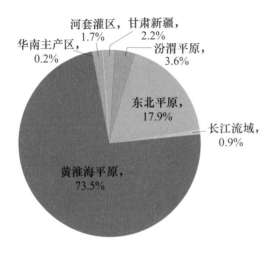

图5-3-30　7大粮食主产区规模以上
机电井数量占比

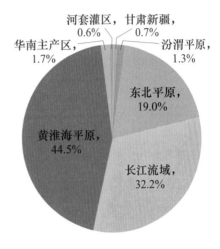

图5-3-31　7大粮食主产区规模以下
机电井及人力井数量占比

（2）17片粮食产业带中，黄淮平原片地下水取水井数量明显较多，达到2077.4万眼，占粮食主产区总数的33.2%，其中，规模以上机电井数量105.0万眼，占粮食主产区规模以上机电井总数的31.5%；规模以上机电井数量最多的为黄海平原片，达到113.6万眼，占粮食主产区总数的34.1%，规模以下机电井及人力井数量亦是黄淮平原片最多；东北地区的辽河平原片、松嫩平原片地下水取水井数量及规模以上机电井数量亦较多，长江流域的洞庭湖湖区片、四川盆地区片地下水取水井亦相对较多，但绝大部分为规模以下机电井和人力井。17片粮食产业带各类取水井数量分布见图5-3-32和图5-3-33。

2. 取水井密度

从粮食主产区取水井密度来看，各类井密度平均值均明显高于全国平均值，其中，取水井密度平均为22.9眼/km²，规模以上机电井密度为1.2眼/km²，规模以下机电井及人力井密度为21.76眼/km²。北方地区的粮食主产区各类取水井密度均较大，华北地区的粮食主产区规模以上机电井密度明显较大，具体如下。

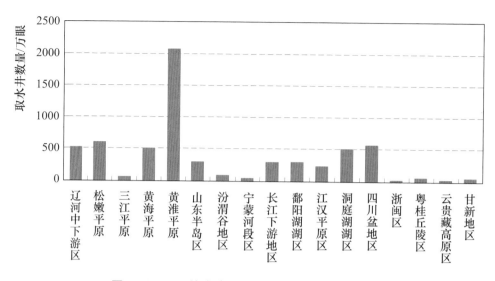

图 5 - 3 - 32　粮食产业带地下水取水井数量分布

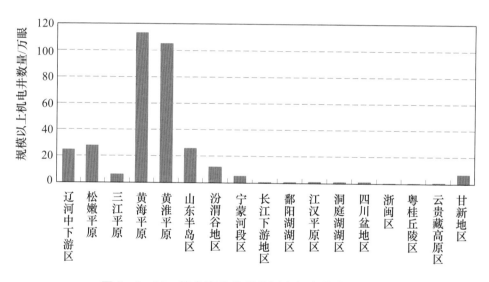

图 5 - 3 - 33　粮食产业带规模以上机电井数量分布

（1）7 大粮食主产区中，黄淮海平原粮食主产区因其地表水资源匮乏、地下水资源开采条件较好，地下水取水井数量最多、规模以上机电井数量相当集中，地下水取水井密度为 7 大粮食主产区之首，长江流域粮食主产区因其地表水资源丰富，农业灌溉需水量基本由地表水水源供给，规模以上机电井密度很小，但由于长江流域粮食主产区覆盖范围内人口众多，地下水因水质较好而大量开采用于城镇和乡村供水，因此规模以下机电井及人力井密度较高。

（2）17 片粮食产业带中，取水井密度最高的是黄淮平原主产区，为 96.5 眼/km²，规模以上机电井密度最大的是黄海平原主产区，为 10.1 眼/km²，规模以下机电井密度、人力井密度最大的均为黄淮平原主产区,分别为 42.0 眼/km²、49.6 眼/km²,甘新地区粮食主产区各类井取水密度均比较小。粮食主产区各类取水井密度见附表 A29,17 片粮食产业带各类取水井密度分布见图 5 - 3 - 34~图 5 - 3 - 37。

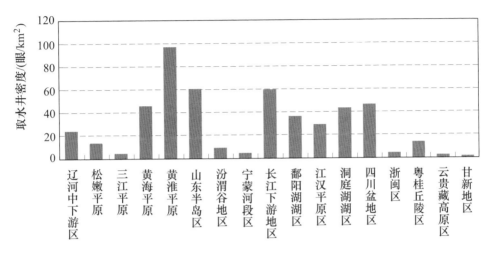

图 5 - 3 - 34 粮食产业带地下水取水井密度分布

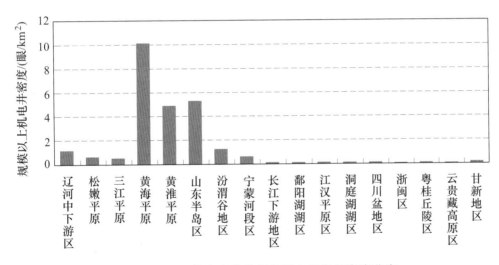

图 5 - 3 - 35 粮食产业带规模以上机电井密度分布

(三) 地下水开发利用情况

1. 地下水开采量

全国 7 大粮食主产区 17 片粮食产业带覆盖范围面积为 273 万 km²,占国土面积的 28.3%,2011 年地下水开采量为 713.40 亿 m³,占全国地下水开采量的 66.0%,其中,规模以上机电井取水量 526.57 亿 m³,占全国规模以上机电井取水量的 63.6%;规模以下机电井取水量为 162.67 亿 m³,占全国规

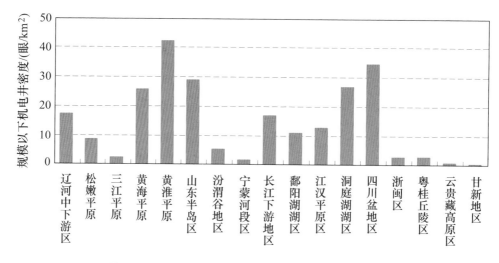

图 5 - 3 - 36　粮食产业带规模以下机电井密度分布

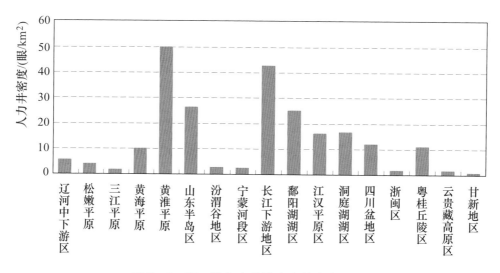

图 5 - 3 - 37　粮食产业带人力井密度分布

模以下机电井取水量的 77.4%；人力井为 24.17 亿 m³，占全国人力井取水量的 55.6%。粮食主产区地下水开采量见附表 A30，不同类型取水井取水量占比见图 5 - 3 - 38。

从粮食主产区 2011 年地下水开采量的用途来看，地下水开采主要用于农业灌溉，为 554.85 亿 m³，占粮食主产区地下水开采量的 77.8%，其次是用于乡村生活，为 97.29 亿 m³，占比 13.6%。粮食主产区不同用途地下水开采量占比见图 5 - 3 - 39。

由于种植结构、区域地形地貌、地下水资源及开采条件等存在差异，各粮食主产区的地下水开采量分布差异较大。

从 7 大粮食主产区来看，黄淮海平原粮食主产区、东北平原粮食主产区

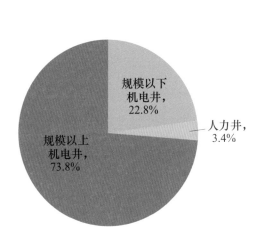

图 5 - 3 - 38　粮食主产区不同类型
取水井取水量占比

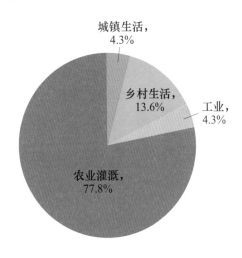

图 5 - 3 - 39　粮食主产区地下水
开采量用途占比

地下水开采量最为集中，分别达到 290.74
亿 m³、263.27 亿 m³，分别占粮食主产区
地下水开采总量的 40.7％、36.9％，其次
是甘肃新疆粮食主产区，地下水开采量
76.03 亿 m³，占粮食主产区地下水开采总
量的 10.7％，长江流域粮食主产区虽然耕
地面积和灌溉面积较大，但灌溉水量主要
由地表水源供给，因此地下水开采量不大。

　　从 17 片粮食产业带来看，黄海平原片
地下水开采量最大，为 159.06 亿 m³，其次
是黄淮平原片和东北地区的三江平原片、松
嫩平原片、辽河中下游区片，甘新地区片地
下水开采量亦很大，主要集中在新疆地区。

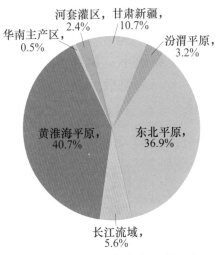

图 5 - 3 - 40　粮食主产区地下水
开采量占比

7 大粮食主产区地下水开采量占比情况见图 5 - 3 - 40，17 片粮食产业带 2011
年地下水开采量分布见图 5 - 3 - 41。

　　2. 地下水开采模数

　　全国粮食主产区地下水开采模数整体明显高于全国平均值，为 2.61
万 m³/(km²·a)，且各粮食主产区之间差异亦较大，北方粮食主产区地下
水开采模数大于南方粮食主产区。7 大粮食主产区中，黄淮海平原粮食主
产区地下水开采模数最大，达到 7.71 万 m³/(km²·a)，其次是东北平原、
汾渭平原粮食主产区。17 片粮食产业带中，地下水开采模数最高的是位

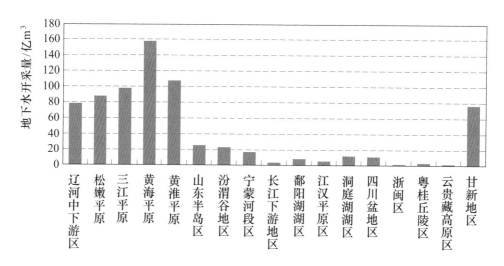

图 5 - 3 - 41　粮食产业带地下水开采量分布

于黄淮海平原粮食主产区的黄海平原片，高达 14.2 万 m³/(km²·a)，三江平原片、山东半岛片、黄淮平原片地下水开采模数亦较大，接近或达到 5.0 万 m³/(km²·a)；长江流域粮食主产区的云贵高原片粮食产业带地下开采模数较小。粮食主产区地下水开采模数见附表 A30，7 大粮食主产区地下水开采模数分布见图 5 - 3 - 42，粮食主产区 17 片带地下水开采模数见图 5 - 3 - 43。

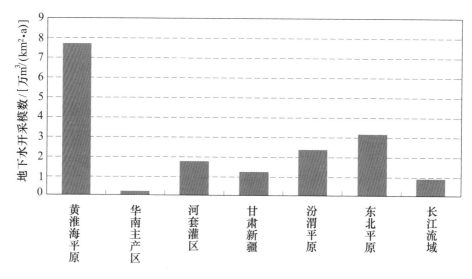

图 5 - 3 - 42　粮食主产区地下水开采模数分布

3. 地下水开采系数

全国粮食主产区 2011 年平原区浅层地下水开采系数为 77%，明显高于全国平均值。黄海平原片、三江平原片、山东半岛片粮食主产区 2011

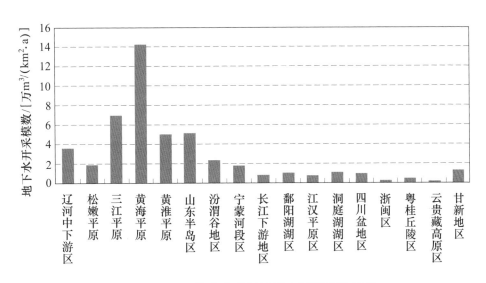

图 5-3-43 粮食产业带地下水开采模数分布

年平原浅层地下水开采系数超过 100%，其中三江平原片所辖的鹤岗市、双鸭山市、佳木斯市近年来地下水开采量增长较快；汾渭平原、甘肃新疆粮食主产区 2011 年平原浅层地下水开采系数较高，虽未超过 100%，但局部地区已经超采；云贵藏高原、粤桂丘陵主产区 2011 年平原浅层地下水开采系数较小。各粮食主产区 2011 年平原浅层地下水开采系数见附表 A30。

4. 地下水供水占经济社会用水比例

全国粮食主产区地下水开采量为 713.40 亿 m³，其中，灌溉取水量为 554.85 亿 m³，占比 77.8%；工业及生活用途取水量为 158.55 亿 m³，占比 22.2%。全国粮食主产区经济社会总用水量中地下水占 24.4%，其中灌溉总用水量中地下水占比 23.5%，工业及生活总用水量中地下水占比 28.1%。

从各粮食主产区经济社会用水量中地下水的比例分布来看，北方地区粮食主产区明显高于南方地区粮食主产区。7 大粮食主产区中，汾渭平原、东北平原两大粮食主产区地下水开采量占经济社会总用水量的整体比例达到 50% 左右，黄淮海平原粮食主产区达到 40.8%，其他粮食主产区地下水比例明显较小。17 片粮食产业带中，黄海平原片、三江平原片、辽河中下游区片地下水用水比例接近或超过 60%，长江流域各片、华南主产区各片地下水比例很小，农业灌溉水量基本全部采用地表水。粮食主产区经济社会用水中地下水水源占比情况见附表 A30，粮食产业带经济社会用水水源组成及占比情况见图 5-3-44～图 5-3-47。

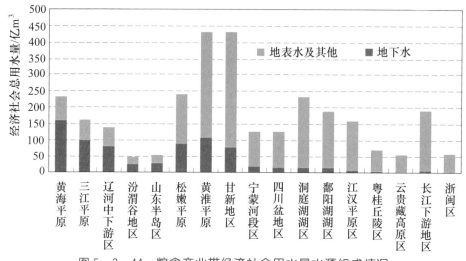

图 5-3-44　粮食产业带经济社会用水量水源组成情况

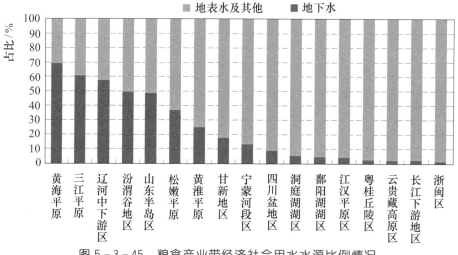

图 5-3-45　粮食产业带经济社会用水水源比例情况

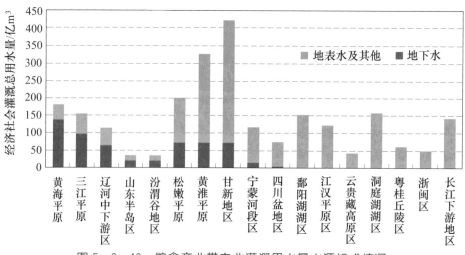

图 5-3-46　粮食产业带农业灌溉用水量水源组成情况

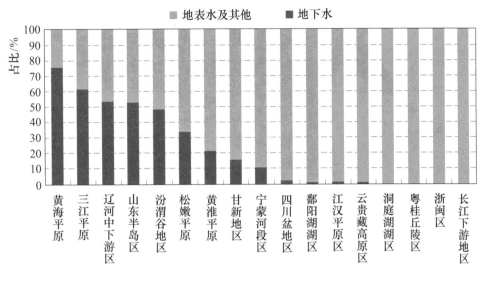

图 5-3-47　粮食产业带农业灌溉用水水源比例情况

四、重点生态功能区

在本次普查基础数据的基础上，对 25 个国家级重点生态功能区地下水取水工程情况、地下水开发利用状况进行统计，有助于客观了解重点生态功能区的基本状况，为重点生态功能区的水资源管理与保护提供基础信息。

（一）基本情况

国家重点生态功能区包括大小兴安岭森林生态功能区等 25 个地区，共涉及全国 24 个省（自治区、直辖市）的 434 个县级行政区，总面积约 384 万 km²，占全国陆地国土面积的 39.8%，2011 年底总人口约 1.05 亿人，占全国总人口的 7.7%。

（二）地下水取水工程情况

生态功能区一般位于经济发展程度较低、生态比较脆弱的偏远地区，由于其生态功能的特殊性而受到不同程度的保护，人类活动较少，水资源开发利用程度较低，地下水取水井总体呈现数量明显较少、密度明显较低的特点。

全国 25 个重点生态功能区地下水取水井数量合计 572.0 万眼，占全国取水井数量的 5.9%。其中，规模以上机电井 35.1 万眼，占全国规模以上机电井数量的 7.9%；规模以下机电井为 273.1 万眼，占全国规模以下机电井数量的 5.5%；人力井 263.8 万眼，占全国人力井总数的 6.0%。重点生态功能区地下水取水井数量见附表 A31。从重点生态功能区地下水取水井数量的类型来看，规模以上机电井占 6.1%，规模以下机电井占 47.8%，人力井占 46.1%。重点生态功能区不同类型取水井数量占比见图 5-3-48。

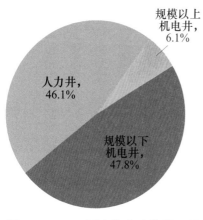

图 5-3-48　重点生态功能区不同类型取水井数量占比

重点生态功能区地下水取水井数量明显较少，但各生态功能区间差异较大。地下水取水井数量相对较多的有科尔沁草原生态功能区、大小兴安岭森林生态功能区、大别山水土保持生态功能区，其中规模以上机电井数量相对较多的有科尔沁草原生态功能区、浑善达克沙漠化防治生态功能区、大小兴安岭森林生态功能区等。重点生态功能区取水井数量、规模以上机电井数量见图 5-3-49 和图 5-3-50。

重点生态功能区多分布在东北地区、西北地区，地域广阔，人口稀少，其地下水取水井密度整体明显低于全国平均值，井密度平均仅 1.48 眼/km²。取水井密度最高的是大别山水土保持生态功能区，为 26.3 眼/km²，规模以上机电井密度最大的是科尔沁草原生态功能区，为 1.03 眼/km²，规模以下机电井密度、人力井密度最大的均为大别山水土保持生态

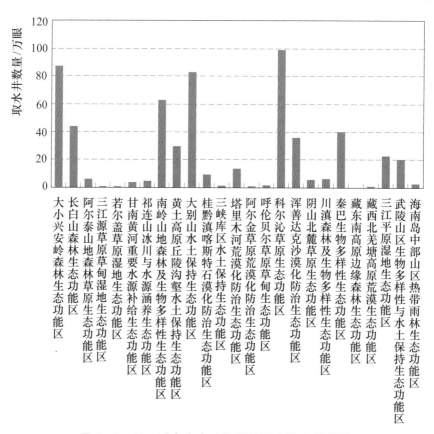

图 5-3-49　重点生态功能区地下水取水井数量

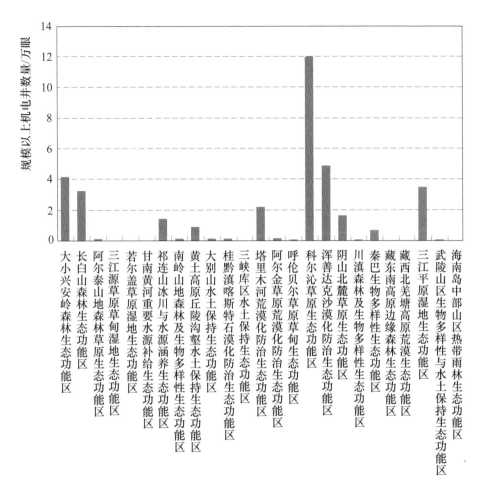

图 5-3-50　重点生态功能区规模以上机电井数量

功能区，分别为 12.3 眼/km²、14.0 眼/km²，藏东南高原边缘森林生态功能区无地下水取水井。生态功能区不同类型取水井密度见附表 A31，重点生态功能区地下水取水井密度、规模以上机电井密度分布见图 5-3-51 和图 5-3-52。

（三）地下水开发利用情况

1. 地下水开采量

全国 25 个重点生态功能区 2011 年地下水开采量合计为 179.85 亿 m³，占全国地下水开采量的 16.6%。其中，规模以上机电井取水量 124.01 亿 m³，占全国规模以上机电井取水量的 15.0%；规模以下机电井取水量为 52.27 亿 m³，占全国规模以下机电井取水量的 24.9%；人力井取水量为 3.57 亿 m³，占全国人力井取水量的 8.2%。可以看出，重点生态功能区地下水开采量整体较少，水资源开发利用程度低。重点生态功能区地下水开采量见附表 A31，不同类型取水井取水量占比见图 5-3-53。

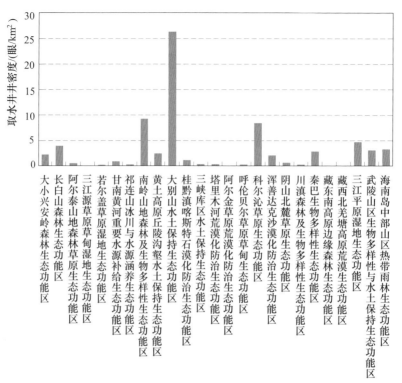

图 5-3-51　重点生态功能区地下水取水井密度

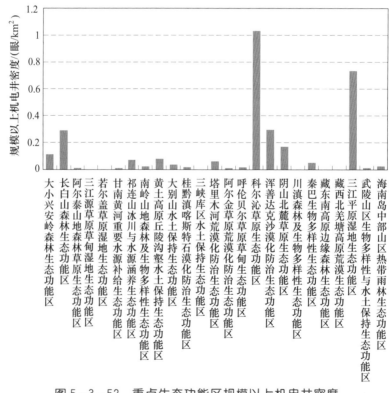

图 5-3-52　重点生态功能区规模以上机电井密度

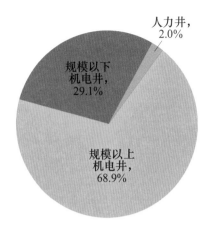

图 5-3-53　重点生态功能区不同
类型取水井取水量占比

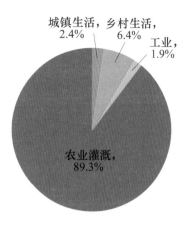

图 5-3-54　重点生态功能区
地下水开采量用途占比

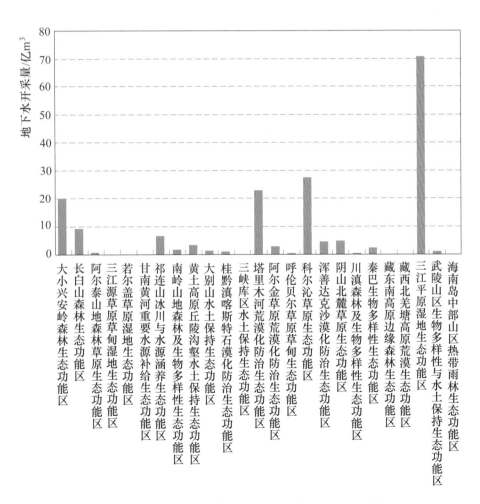

图 5-3-55　重点生态功能区 2011 年地下水开采量

从重点生态功能区 2011 年地下水开采量的用途来看，地下水开采主要用于农业灌溉，合计 160.60 亿 m³，占生态功能区地下水开采量的 89.3%；其次是用于乡村生活，为 11.57 亿 m³，占比 6.4%。重点生态功能区不同用途地下水开采量占比情况见图 5-3-54。

生态功能区地下水开采量整体较少，但在各生态区之间差异较大，三江平原湿地生态功能区因其地下水水源条件较好，地下水开采量相对多于其他生态功能区。各生态功能区地下水开采量分布见图 5-3-55。

2. 地下水开采模数

重点生态功能区地下水开采模数总体明显低于全国平均水平，为 0.47 万 m³/(km²·a)，仅三江平原湿地生态功能区、科尔沁草原生态功能区开采模数高于全国平均值。三江平原湿地生态功能区地下水开采模数较高，达 14.8 万 m³/(km²·a)，涉及黑龙江省的佳木斯市、双鸭山市、鸡西市、鹤岗市等地下水开采高值区；科尔沁草原生态功能区地下水开采模数亦相对较高，为 2.43 万 m³/(km²·a)；其余生态功能区地下水开采模数均小于 1.0 万 m³/(km²·a)。重点生态功能区地下水开采模数见附表 A31，重点生态功能区地下水开采模数分布情况见图 5-3-56。

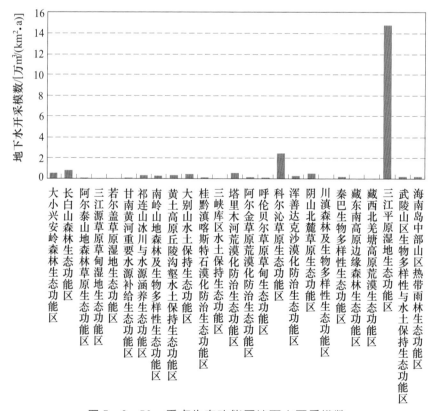

图 5-3-56　重点生态功能区地下水开采模数

附录A 附 表

附表A1 省级行政区取水井数量

省级 行政区	合计 /眼	机电井/眼						人力井 /眼
		规模以上机电井			规模以下机电井			
		小计	灌溉	供水	小计	灌溉	供水	
全国	97479799	4449325	4066050	383275	49368162	4413174	44954988	43662312
北京	80532	48657	31943	16714	13988	889	13099	17887
天津	255553	32053	22544	9509	144516	5349	139167	78984
河北	3910828	901323	845054	56269	2563238	162365	2400873	446267
山西	508829	106186	84705	21481	289173	13664	275509	113470
内蒙古	2845110	343046	318660	24386	1561957	284951	1277006	940107
辽宁	5014449	143519	121701	21818	3690937	705622	2985315	1179993
吉林	3517338	132687	121025	11662	2430107	494883	1935224	954544
黑龙江	3272567	211390	188381	23009	1955866	566853	1389013	1105311
上海	500758	262	0	262	0	0	0	500496
江苏	5696957	22476	9568	12908	1239965	77010	1162955	4434516
浙江	2364313	3025	669	2356	845745	10363	835382	1515543
安徽	9792410	179573	172221	7352	5027701	422912	4604789	4585136
福建	1167442	4051	941	3110	711327	81858	629469	452064
江西	4778872	7167	3354	3813	1542777	47079	1495698	3228928
山东	9195997	825870	772581	53289	3959226	587377	3371849	4410901
河南	13554632	1105313	1071245	34068	6510763	361752	6149011	5938556
湖北	4118800	9973	6185	3788	1686453	80063	1606390	2422374
湖南	6225650	11228	2746	8482	3756112	78666	3677446	2458310
广东	3526326	12356	6630	5726	1221253	90796	1130457	2292717
广西	2545289	13705	3536	10169	853147	31048	822099	1678437
海南	675566	4316	1413	2903	279603	23635	255968	391647
重庆	1203966	480	4	476	928079	2301	925778	275407
四川	8791611	12660	6056	6604	6659483	82814	6576669	2119468
贵州	30286	2280	158	2122	15758	886	14872	12248
云南	910920	6314	3348	2966	247309	80411	166898	657297
西藏	28015	683	434	249	1682	97	1585	25650
陕西	1436791	146177	127777	18400	810917	54304	756613	479697
甘肃	501309	51845	44293	7552	154047	11783	142264	295417
青海	74930	1307	422	885	14333	224	14109	59290
宁夏	338612	9981	7690	2291	114773	23732	91041	213858
新疆	615141	99422	90766	8656	137927	29487	108440	377792

附表 A2

省级行政区规模以上机电井数量及分类占比

省级行政区	规模以上机电井数量/眼							分类井数占规模以上机电井总数比例/%					
	合计	按地貌类型分		按地下水类型分		按取水用途分		按地貌类型分		按地下水类型分		按取水用途分	
		山丘区	平原区	浅层地下水	深层承压水	灌溉	供水	山丘区	平原区	浅层地下水	深层承压水	灌溉	供水
全国	4449325	660863	3788462	4158771	290554	4066050	383275	14.85	85.15	93.47	6.53	91.39	8.61
北京	48657	5275	43382	48524	133	31943	16714	10.84	89.16	99.73	0.27	65.65	34.35
天津	32053	2958	29095	17656	14397	22544	9509	9.23	90.77	55.08	44.92	70.33	29.67
河北	901323	84213	817110	785539	115784	845054	56269	9.34	90.66	87.15	12.85	93.76	6.24
山西	106186	21609	84577	106186	0	84705	21481	20.35	79.65	100	0	79.77	20.23
内蒙古	343046	135976	207070	342277	769	318660	24386	39.64	60.36	99.78	0.22	92.89	7.11
辽宁	143519	85931	57588	142744	775	121701	21818	59.87	40.13	99.46	0.54	84.8	15.2
吉林	132687	26485	106202	89909	42778	121025	11662	19.96	80.04	67.76	32.24	91.21	8.79
黑龙江	211390	36646	174744	174781	36609	188381	23009	17.34	82.66	82.68	17.32	89.12	10.88
上海	262	0	262	0	262	0	262	0	100	0	100	0	100
江苏	22476	1199	21277	11752	10724	9568	12908	5.33	94.67	52.29	47.71	42.57	57.43
浙江	3025	2617	408	2970	55	669	2356	86.51	13.49	98.18	1.82	22.12	77.88
安徽	179573	2556	177017	175622	3951	172221	7352	1.42	98.58	97.8	2.2	95.91	4.09
福建	4051	2813	1238	4051	0	941	3110	69.44	30.56	100	0	23.23	76.77
江西	7167	4374	2793	7167	0	3354	3813	61.03	38.97	100	0	46.8	53.2
山东	825870	121958	703912	819277	6593	772581	53289	14.77	85.23	99.2	0.8	93.55	6.45

续表

省级行政区	规模以上机电井数量/眼							分类井数占规模以上机电井总数比例/%					
	合计	按地貌类型分		按地下水类型分		按水用途分		按地貌类型分		按地下水类型分		按取水用途分	
		山丘区	平原区	浅层地下水	深层承压水	灌溉	供水	山丘区	平原区	浅层地下水	深层承压水	灌溉	供水
河南	1105313	43882	1061431	1083318	21995	1071245	34068	3.97	96.03	98.01	1.99	96.92	3.08
湖北	9973	4776	5197	9959	14	6185	3788	47.89	52.11	99.86	0.14	62.02	37.98
湖南	11228	9457	1771	11199	29	2746	8482	84.23	15.77	99.74	0.26	24.46	75.54
广东	12356	6690	5666	10681	1675	6630	5726	54.14	45.86	86.44	13.56	53.66	46.34
广西	13705	12826	879	13313	392	3536	10169	93.59	6.41	97.14	2.86	25.8	74.2
海南	4316	1575	2741	3085	1231	1413	2903	36.49	63.51	71.48	28.52	32.74	67.26
重庆	480	480	0	480	0	4	476	100	0	100	0	0.83	99.17
四川	12660	5154	7506	12651	9	6056	6604	40.71	59.29	99.93	0.07	47.84	52.16
贵州	2280	2280	0	2278	2	158	2122	100	0	99.91	0.09	6.93	93.07
云南	6314	6314	0	6117	197	3348	2966	100	0	96.88	3.12	53.03	46.97
西藏	683	672	11	683	0	434	249	98.39	1.61	100	0	63.54	36.46
陕西	146177	17308	128869	115423	30754	127777	18400	11.84	88.16	78.96	21.04	87.41	12.59
甘肃	51845	9640	42205	51375	470	44293	7552	18.59	81.41	99.09	0.91	85.43	14.57
青海	1307	385	922	1216	91	422	885	29.46	70.54	93.04	6.96	32.29	67.71
宁夏	9981	3869	6112	9116	865	7690	2291	38.76	61.24	91.33	8.67	77.05	22.95
新疆	99422	945	98477	99422	0	90766	8656	0.95	99.05	100	0	91.29	8.71

省级行政区规模以下机电井及人力井数量

附表 A3

省级行政区	规模以下机电井/眼			其中：规模以下灌溉机电井/眼			其中：规模以下供水机电井/眼			人力井/眼		
	合计	山丘区	平原区	小计	山丘区	平原区	小计	山丘区	平原区	合计	山丘区	平原区
全国	49368162	25246946	24121216	4413174	1274271	3138903	44954988	23972675	20982313	43662312	19135302	24527010
北京	13988	9018	4970	889	286	603	13099	8732	4367	17887	16175	1712
天津	144516	47046	97470	5349	0	5349	139167	47046	92121	78984	0	78984
河北	2563238	1025890	1537348	162365	25324	137041	2400873	1000566	1400307	446267	307103	139164
山西	289173	90438	198735	13664	2257	11407	275509	88181	187328	113470	70468	43002
内蒙古	1561957	970799	591158	284951	109085	175866	1277006	861714	415292	940107	537547	402560
辽宁	3690937	2235318	1455619	705622	232089	473533	2985315	2003229	982086	1179993	561814	618179
吉林	2430107	862752	1567355	494883	56879	438004	1935224	805873	1129351	954544	162704	791840
黑龙江	1955866	346828	1609038	566853	70798	496055	1389013	276030	1112983	1105311	231639	873672
上海	0	0	0	0	0	0	0	0	0	500496	0	500496
江苏	1239965	70163	1169802	77010	4034	72976	1162955	66129	1096826	4434516	387664	4046852
浙江	845745	698248	147497	10363	6980	3383	835382	691268	144114	1515543	489373	1026170
安徽	5027701	1249178	3778523	422912	26455	396457	4604789	1222723	3382066	4585136	1209210	3375926
福建	711327	551619	159708	81858	55747	26111	629469	495872	133597	452064	305239	146825
江西	1542777	1074303	468474	47079	13979	33100	1495698	1060324	435374	3228928	2267377	961551
山东	3959226	1924270	2034956	587377	281462	305915	3371849	1642808	1729041	4410901	1625546	2785355

省级行政区	规模以下机电井/眼			其中：规模以下灌溉机电井/眼			其中：规模以下供水机电井/眼			人力井/眼		
	合计	山丘区	平原区	小计	山丘区	平原区	小计	山丘区	平原区	合计	山丘区	平原区
河南	6510763	1068743	5442020	361752	33622	328130	6149011	1035121	5113890	5938556	793480	5145076
湖北	1686453	1105258	581195	80063	34629	45434	1606390	1070629	535761	2422374	1412850	1009524
湖南	3756112	3105896	650216	78666	68231	10435	3677446	3037665	639781	2458310	2050085	408225
广东	1221253	862570	358683	90796	58829	31967	1130457	803741	326716	2292717	1592063	700654
广西	853147	757735	95412	31048	17949	13099	822099	739786	82313	1678437	1621959	56478
海南	279603	161914	117689	23635	12085	11550	255968	149829	106139	391647	245232	146415
重庆	928079	928079		2301	2301		925778	925778		275407	275407	
四川	6659483	5399580	1259903	82814	61457	21357	6576669	5338123	1238546	2119468	1770627	348841
贵州	15758	15758		886	886		14872	14872		12248	12248	
云南	247309	247309		80411	80411		166898	166898		657297	657297	
西藏	1682	1361	321	97	61	36	1585	1300	285	25650	14978	10672
陕西	810917	263853	547064	54304	10447	43857	756613	253406	503207	479697	157099	322598
甘肃	154047	139697	14350	11783	6751	5032	142264	132946	9318	295417	255760	39657
青海	14333	10864	3469	224	103	121	14109	10761	3348	59290	40985	18305
宁夏	114773	12834	101939	23732	1060	22672	91041	11774	79267	213858	44663	169195
新疆	137927	9626	128301	29487	74	29413	108440	9552	98888	377792	18930	358862

附表 A4　　　　　　　　　　省级行政区县域取水井密度

省级行政区	县级行政区数量/个	取水井密度/（眼/km²）			
		取水井	规模以上机电井	规模以下机电井	人力井
全国	2868	0～423	0～35.0	0～359	0～164
北京	16	0.29～11.5	0.27～11.3	0～2.25	0～4.8
天津	16	0.14～90.2	0.14～5.32	0～84.8	0～51.8
河北	172	0.3～180	0～35.0	0～162	0～26.1
山西	119	0～43.7	0～4.09	0～40	0～7.46
内蒙古	101	0.02～27.4	0.001～6.1	0～17.9	0～14.0
辽宁	100	0.06～195	0.01～8.1	0～148	0～120
吉林	60	0.3～110	0.007～6.24	0～66.8	0～42.5
黑龙江	132	0.1～158	0～25.1	0～78	0～54.7
上海	18	0～123	0～0.23	0	0～123
江苏	105	0～173	0～3.10	0～123	0～154
浙江	90	0～223	0～0.42	0～78.9	0～163
安徽	105	0～288	0～11.4	0～238	0～175
福建	84	0～170	0～1.95	0～123	0～63.8
江西	100	0～251	0～0.59	0～111	0～140
山东	140	0～248	0～25.6	0～115	0～164
河南	159	0.41～423	0～26.0	0～359	0～160
湖北	103	0～134	0～0.86	0～69.6	0～64.3
湖南	122	0.4～150	0～0.92	0～100	0.4～54.7
广东	123	0～182	0～2.49	0～84.4	0～97.9
广西	110	0～123	0～0.58	0～89	0～77.5
海南	22	0.26～44.2	0.001～1.05	0.01～21.8	0.25～26.5
重庆	40	0～114	0～0.58	0～106	0～19.1
四川	181	0～241	0～2.31	0～207	0～69.2
贵州	88	0～2.19	0～0.238	0～1.33	0～1.30
云南	129	0～51.8	0～0.24	0～42.1	0～38.0
西藏	73	0～3.70	0～0.076	0～0.96	0～2.70
陕西	107	0～118	0～22.3	0～102	0～49.4
甘肃	87	0～124	0～1.01	0～72.5	0～51.3
青海	46	0～4.66	0～2.73	0～1.68	0～4.65
宁夏	22	0.2～24.6	0～0.60	0～14.6	0～24.3
新疆	98	0～14.9	0～1.49	0～4.20	0～102

附表 A5 省级行政区分县井密度等级分布情况

省级行政区	县级行政区数量/个										
	合计	按取水井密度等级分					按规模以上机电井密度等级分				
		低密度	中低密度	中密度	中高密度	高密度	低密度	中低密度	中密度	中高密度	高密度
全国	2868	1737	527	309	198	97	2355	224	124	112	53
北京	16	16	0	0	0	0	6	6	2	2	0
天津	16	14	0	1	1	0	8	7	1	0	0
河北	172	98	47	15	9	3	38	47	26	37	24
山西	119	114	5	0	0	0	88	31	0	0	0
内蒙古	101	96	5	0	0	0	88	11	2	0	0
辽宁	100	35	37	18	8	2	82	15	3	0	0
吉林	60	26	21	11	2	0	48	11	1	0	0
黑龙江	132	105	24	2	0	1	117	14	0	0	1
上海	18	9	1	4	4	0	18	0	0	0	0
江苏	105	35	25	18	19	8	103	2	0	0	0
浙江	90	42	25	14	5	4	90	0	0	0	0
安徽	105	25	25	20	18	17	82	12	10	1	0
福建	85	59	7	10	6	3	84	1	0	0	0
江西	100	32	45	19	3	1	100	0	0	0	0
山东	140	26	53	27	23	11	48	29	31	27	5
河南	159	31	29	28	38	33	36	18	38	45	22
湖北	103	48	34	17	4	0	103	0	0	0	0
湖南	122	43	29	34	15	1	122	0	0	0	0
广东	123	75	28	15	4	1	121	2	0	0	0
广西	110	74	25	9	2	0	110	0	0	0	0
海南	21	11	9	1	0	0	21	0	0	0	0
重庆	40	25	7	6	2	0	40	0	0	0	0
四川	181	87	19	31	32	12	179	2	0	0	0
贵州	88	88	0	0	0	0	88	0	0	0	0
云南	129	121	7	1	0	0	129	0	0	0	0
西藏	73	73	0	0	0	0	73	0	0	0	0
陕西	107	82	15	8	2	0	81	15	10	0	1
甘肃	87	85	1	0	1	0	87	0	0	0	0
青海	46	46	0	0	0	0	45	1	0	0	0
宁夏	22	18	4	0	0	0	22	0	0	0	0
新疆	98	98	0	0	0	0	98	0	0	0	0

| 省级行政区 | 县级行政区数量/个 | | | | | | | | | |
| | 合计 | 按规模以下机电井密度等级分 | | | | | 按人力井密度等级分 | | | |
		低密度	中低密度	中密度	中高密度	高密度	低密度	中低密度	中密度	中高密度	高密度
全国	2868	2056	448	201	127	36	2046	465	190	114	53
北京	16	16	0	0	0	0	16	0	0	0	0
天津	16	15	0	0	1	0	15	0	1	0	0
河北	172	125	24	11	9	3	161	11	0	0	0
山西	119	114	4	1	0	0	119	0	0	0	0
内蒙古	101	98	3	0	0	0	98	3	0	0	0
辽宁	100	39	36	17	7	1	68	25	4	2	1
吉林	60	28	24	8	0	0	46	12	2	0	0
黑龙江	132	110	20	1	1	0	119	11	1	1	0
上海	18	18	0	0	0	0	9	0	2	4	3
江苏	105	80	16	4	4	1	33	22	17	21	12
浙江	90	66	17	6	1	0	49	22	5	9	5
安徽	105	40	32	17	10	6	32	29	20	15	9
福建	85	61	8	7	8	1	69	7	6	3	0
江西	100	69	25	4	2	0	30	47	17	5	1
山东	140	57	53	22	7	1	61	35	24	12	8
河南	159	46	47	34	21	11	72	19	25	29	14
湖北	103	69	28	5	1	0	50	30	20	3	0
湖南	122	56	31	20	15	0	65	43	13	1	0
广东	123	100	17	5	1	0	73	33	12	5	0
广西	110	95	13	1	1	0	74	27	7	2	0
海南	21	14	7	0	0	0	11	10	0	0	0
重庆	40	26	7	4	3	0	36	4	0	0	0
四川	181	87	24	27	31	12	115	54	10	2	0
贵州	88	88	0	0	0	0	88	0	0	0	0
云南	129	127	1	1	0	0	119	9	1	0	0
西藏	73	73	0	0	0	0	73	0	0	0	0
陕西	107	89	9	6	3	0	99	6	2	0	0
甘肃	87	85	1	0	1	0	86	0	1	0	0
青海	46	46	0	0	0	0	46	0	0	0	0
宁夏	22	21	1	0	0	0	18	4	0	0	0
新疆	98	98	0	0	0	0	96	2	0	0	0

附表 A6　　　　　　　　　　省级行政区各类取水井密度

省级行政区	取水井密度/(眼/km²)			规模以上机电井密度/(眼/km²)			规模以下机电井/(眼/km²)	人力井/(眼/km²)
	平原区	山丘区	全区平均	平原区	山丘区	全区平均		
全国	18.5	6.86	10.4	1.34	0.101	0.473	5.25	4.65
北京	7.26	3.08	4.79	6.29	0.533	2.9	0.833	1.06
天津	18.4	68.8	21.4	2.6	4.07	2.69	12.1	6.63
河北	29.3	13.8	20.8	9.61	0.82	4.8	13.7	2.38
山西	12	1.41	3.26	3.11	0.167	0.679	1.85	0.726
内蒙古	1.8	3.36	2.46	0.311	0.278	0.297	1.35	0.814
辽宁	67.6	25.3	34.5	1.83	0.754	0.986	25.4	8.11
吉林	34.3	9.11	18.8	1.48	0.229	0.708	13	5.09
黑龙江	13.2	2.43	7.21	0.87	0.145	0.466	4.31	2.44
上海	79		79	0.041		0.041	0	78.9
江苏	58.6	36.4	55.9	0.238	0.095	0.22	12.2	43.5
浙江	73.6	27.6	40.1	0.026	0.061	0.051	14.3	25.7
安徽	133	32.8	75.2	3.21	0.034	1.38	38.6	35.2
福建	188	7.02	9.41	0.758	0.023	0.033	5.74	3.64
江西	71	22.8	28.6	0.138	0.03	0.043	9.24	19.3
山东	71.6	46.2	58.7	9.12	1.53	5.27	25.3	28.2
河南	138	24	82.8	12.6	0.553	6.75	39.8	36.3
湖北	35.9	19.2	23.5	0.117	0.036	0.057	9.61	13.8
湖南	63.8	26.5	29.4	0.107	0.048	0.053	17.7	11.6
广东	36.4	16.6	19.9	0.194	0.045	0.07	6.88	12.9
广西	81.5	10.2	10.8	0.469	0.055	0.058	3.61	7.11
海南	29.1	16.4	19.8	0.299	0.063	0.127	8.2	11.5
重庆		14.6	14.6		0.006	0.006	11.3	3.34
四川	80.8	15.5	18.2	0.375	0.011	0.026	13.8	4.38
贵州		0.172	0.172		0.013	0.013	0.089	0.07
云南		2.38	2.38		0.016	0.016	0.645	1.72
西藏	0.982	0.014	0.023	0.001	0.001	0.001	0.001	0.021
陕西	27.3	2.59	6.99	3.53	0.102	0.711	3.95	2.33
甘肃	0.992	1.35	1.26	0.435	0.032	0.13	0.388	0.743
青海	0.146	0.093	0.105	0.006	0.001	0.002	0.02	0.083
宁夏	14	1.92	6.54	0.309	0.121	0.193	2.22	4.13
新疆	0.622	0.042	0.374	0.105	0.001	0.061	0.084	0.23

附表 A7

省级行政区规模以上机电井数量按成井时间与井深统计

省级行政区	合计/眼	按成井时间分/眼				按井深分/眼					
		1980年前	1981—1990年	1991—2000年	2001年后	<50m	50(含)~100m	100(含)~200m	200(含)~500m	500(含)~1000m	≥1000m
全国	4449325	359049	529991	1265956	2294329	2408050	1334868	515449	180922	8594	1442
北京	48657	8245	9395	11867	19150	6312	23614	13442	4708	364	217
天津	32053	4207	5644	8231	13971	4473	11433	4988	9672	1208	279
河北	901323	64399	109812	289747	437365	222712	373343	211527	91739	1869	133
山西	106186	18016	17444	29469	41257	17567	32269	40388	14077	1798	87
内蒙古	343046	16092	31851	76569	218534	124412	170994	39641	7883	114	2
辽宁	143519	6551	14689	35727	86552	114304	25162	3202	268	405	178
吉林	132687	4217	7634	20809	100027	58538	62982	10847	319	0	1
黑龙江	211390	3016	8735	36718	162921	136450	59815	14127	993	2	3
上海	262	45	42	109	66	0	23	77	161	1	0
江苏	22476	3869	4295	6338	7974	8600	4765	6266	2728	92	25
浙江	3025	320	502	660	1543	2350	433	231	5	1	5
安徽	179573	22186	14418	54327	88642	172427	3613	2390	1120	17	6
福建	4051	378	291	871	2511	1980	1385	640	36	9	1
江西	7167	565	658	1322	4622	6500	540	109	16	2	0
山东	825870	57240	128208	272809	367613	544701	226044	41380	12651	1062	32

省级行政区	合计/眼	按成井时间分/眼				按井深分/眼					
		1980年前	1981—1990年	1991—2000年	2001年后	<50m	50(含)~100m	100(含)~200m	200(含)~500m	500(含)~1000m	≥1000m
河南	1105313	115077	136786	318601	534849	862648	206519	25536	9499	913	198
湖北	9973	422	1031	2274	6246	6120	2437	1367	49	0	0
湖南	11228	1447	1396	2353	6032	9008	1549	610	58	2	1
广东	12356	490	1014	2756	8096	7127	1754	2475	983	16	1
广西	13705	573	1446	3184	8502	8456	4824	415	4	0	6
海南	4316	227	477	758	2854	2189	689	937	476	24	1
重庆	480	20	44	64	352	282	116	54	17	0	11
四川	12660	1112	1961	2640	6947	10935	1361	278	68	4	14
贵州	2280	134	139	265	1742	298	425	1433	99	9	16
云南	6314	549	849	1189	3727	3260	925	1082	890	95	62
西藏	683	28	115	128	412	127	513	43	0	0	0
陕西	146177	15945	17103	44504	67625	47715	56952	30053	11056	304	97
甘肃	51845	10311	7547	15976	18011	12402	22165	15698	1363	156	61
青海	1307	267	185	195	660	555	320	405	24	2	1
宁夏	9981	296	851	2296	6538	3996	1851	2966	1148	16	4
新疆	99422	1805	5429	23200	68988	11606	36053	42842	8812	109	0

附表 A8

省级行政区规模以上机电井数量按井壁管管料统计

省级行政区	规模以上机电井数量/眼							井壁管主要材料
	合计	钢管	铸铁管	钢筋混凝土管	塑料管	混凝土管	其他	
全国	4449325	291521	89882	483794	156975	3213199	213954	混凝土管
北京	48657	7559	9273	9413	91	21143	1178	混凝土管/钢筋混凝土管/铸铁管
天津	32053	8820	162	6814	35	15613	609	混凝土管/钢筋混凝土管
河北	901323	22857	11239	107995	3232	736654	19346	混凝土管
山西	106186	11415	3115	35371	233	50304	5748	混凝土管/钢筋混凝土管
内蒙古	343046	42292	7658	23793	21050	230433	17820	混凝土管
辽宁	143519	15312	6567	36203	12638	48466	24333	混凝土管/钢筋混凝土管
吉林	132687	5225	9307	58928	11694	46617	916	钢筋混凝土管/混凝土管
黑龙江	211390	44816	15871	18626	81121	49061	1895	塑料管/混凝土管/钢管
上海	262	261	0	0	0	0	1	钢管
江苏	22476	2940	1099	6717	541	10970	209	混凝土管/钢筋混凝土管
浙江	3025	797	107	490	89	591	951	其他/钢管
安徽	179573	2875	1010	2083	194	168487	4924	混凝土管
福建	4051	1303	368	262	993	795	330	钢管/塑料管
江西	7167	890	236	2186	447	3004	404	混凝土管/钢筋混凝土管
山东	825870	28780	5319	29501	15449	672848	73973	混凝土管

续表

省级行政区	规模以上机电井数量/眼							井壁管主要材料
	合计	钢管	铸铁管	钢筋混凝土管	塑料管	混凝土管	其他	
河南	1105313	8910	2282	35862	487	1011110	46662	混凝土管
湖北	9973	3677	1139	444	338	3817	558	混凝土管/钢管
湖南	11228	2062	305	2056	783	4284	1738	混凝土管/钢管
广东	12356	3444	1151	2351	878	3962	570	混凝土管/钢管
广西	13705	6277	645	1861	829	2534	1559	钢管/混凝土管
海南	4316	1449	84	726	766	1062	229	钢管/混凝土管
重庆	480	171	43	23	94	102	47	钢管/混凝土管
四川	12660	3026	366	3528	959	3027	1754	钢筋混凝土管/混凝土管/钢管
贵州	2280	1946	126	38	23	72	75	钢管
云南	6314	2875	102	924	262	1966	185	钢管/混凝土管
西藏	683	649	5	24	0	1	4	钢管
陕西	146177	6750	5137	41906	2002	84173	6209	混凝土管/钢筋混凝土管
甘肃	51845	4935	4853	23798	87	17144	1028	钢筋混凝土管/混凝土管
青海	1307	882	214	55	5	127	24	钢管
宁夏	9981	1363	915	1901	77	5588	137	混凝土管
新疆	99422	46963	1184	29915	1578	19244	538	钢管/钢筋混凝土管/混凝土管

附表 A9 省级行政区各类井壁管材料机电井数量按运行年数统计

省级行政区	钢管井数量/眼				铸铁管井数量/眼				钢筋混凝土管井数量/眼			
	30年及以上	20(含)~30年	10(含)~20年	10年以下	30年及以上	20(含)~30年	10(含)~20年	10年以下	30年及以上	20(含)~30年	10(含)~20年	10年以下
全国	17544	31907	66737	175302	12142	13706	21224	42786	32175	50239	115533	285843
北京	963	1276	1461	3852	2490	2316	1916	2529	1174	1330	2282	4627
天津	2175	2067	1871	2707	13	50	40	59	326	430	1151	4907
河北	2797	4375	5456	10229	2892	2346	2411	3590	5641	12096	30892	59366
山西	2315	1601	2629	4870	1556	613	463	483	4385	5239	9637	16110
内蒙古	986	1735	5836	33735	632	650	1679	4697	867	1477	4679	16770
辽宁	897	2095	4795	7525	515	1154	1695	3203	1002	5665	8729	20807
吉林	120	320	1084	3701	429	859	1603	6416	1920	3573	9338	44097
黑龙江	910	2688	8640	32578	292	973	3182	11424	445	837	2507	14837
上海	45	42	109	65	0	0	0	0	0	0	0	0
江苏	228	456	805	1451	61	197	316	525	266	1014	2425	3012
浙江	29	128	194	446	11	16	25	55	47	41	99	303
安徽	112	185	471	2083	51	134	234	589	360	352	565	802
福建	38	123	413	729	4	34	99	231	20	11	39	192
江西	33	92	144	621	24	37	38	137	375	264	319	1228
山东	2081	5375	7444	13880	507	1069	1503	2240	2759	4620	8709	13413

续表

省级行政区	钢管井数量/眼				铸铁管井数量/眼				钢筋混凝土管井数量/眼			
	30年及以上	20（含）~30年	10（含）~20年	10年以下	30年及以上	20（含）~30年	10（含）~20年	10年以下	30年及以上	20（含）~30年	10（含）~20年	10年以下
河南	513	1143	2537	4717	342	587	623	730	2479	3469	7266	22648
湖北	112	478	985	2102	101	195	374	469	11	37	62	334
湖南	116	247	388	1311	53	54	45	153	121	211	563	1161
广东	77	355	678	2334	42	151	328	630	18	66	333	1934
广西	174	636	1543	3874	40	101	217	287	29	121	364	1347
海南	49	147	288	965	2	10	22	50	57	75	162	432
重庆	10	20	25	116	1	7	8	27	2	1	4	16
四川	174	517	691	1644	20	83	90	173	465	529	685	1849
贵州	107	120	217	1502	10	6	20	90	2	3	4	29
云南	180	476	713	1506	7	19	24	52	151	154	170	449
西藏	27	113	124	385	0	0	0	5	0	2	4	18
陕西	705	700	1416	3929	1105	786	1764	1482	5484	4599	11133	20690
甘肃	504	664	1492	2275	734	908	1841	1370	3410	2921	7602	9865
青海	164	143	107	468	73	28	47	66	4	4	17	30
宁夏	39	117	299	908	49	172	317	377	23	47	720	1111
新疆	864	3423	13882	28794	86	151	300	647	332	1051	5073	23459

省级行政区	混凝土管井数量/眼				塑料管井数量/眼				其他材料井数量/眼			
	30年及以上	20(含)~30年	10(含)~20年	10年以下	30年及以上	20(含)~30年	10(含)~20年	10年以下	30年及以上	20(含)~30年	10(含)~20年	10年以下
全国	227199	393010	995029	59034	1159	2896	19526	133393	68796	38223	47892	59034
北京	3021	4260	6044	302	47	10	11	23	526	202	148	302
天津	1371	2992	5026	49	1	2	7	25	321	103	136	49
河北	44134	87800	246962	4054	147	133	584	2368	8788	3062	3442	4054
山西	7941	8986	14834	1137	32	15	72	114	1787	990	1834	1137
内蒙古	11048	24546	57782	7185	50	207	1703	19090	2509	3236	4890	7185
辽宁	929	3227	11582	10584	67	142	724	11705	3141	2406	8202	10584
吉林	1622	2504	7194	516	10	264	1420	10000	116	114	170	516
黑龙江	1036	3355	11664	826	73	715	10083	70250	260	167	642	826
上海	0	0	0	1	0	0	0	0	0	0	0	1
江苏	3238	2589	2715	86	2	12	55	472	74	27	22	86
浙江	51	80	159	378	2	13	14	60	180	224	169	378
安徽	21013	13444	52386	3360	6	8	26	153	634	286	635	3360
福建	274	75	85	209	11	20	173	789	31	28	62	209
江西	101	209	706	269	2	20	46	379	30	36	69	269
山东	32847	97913	232999	18467	481	1008	3436	10524	18565	18223	18718	18467

续表

省级行政区	混凝土管井数量/眼				塑料管井数量/眼				其他材料井数量/眼			
	30年及以上	20（含）~30年	10（含）~20年	10年以下	30年及以上	20（含）~30年	10（含）~20年	10年以下	30年及以上	20（含）~30年	10（含）~20年	10年以下
河南	84198	124503	302656	6629	21	21	73	372	27524	7063	5446	6629
湖北	174	246	616	314	6	22	64	246	18	53	173	314
湖南	433	575	952	538	56	49	133	545	668	260	272	538
广东	171	326	1141	182	10	34	142	692	172	82	134	182
广西	76	191	605	641	12	33	93	691	242	314	362	641
海南	79	142	188	64	7	7	62	690	33	96	36	64
重庆	3	4	10	24	1	3	6	84	3	9	11	24
四川	145	417	632	757	44	98	126	691	264	317	416	757
贵州	5	6	8	47	0	0	2	21	10	4	14	47
云南	170	163	240	77	4	3	5	250	37	34	37	77
西藏	0	0	0	3	0	0	0	0	1	0	0	3
陕西	7257	10276	28313	1694	47	44	408	1503	2347	698	1470	1694
甘肃	5188	2912	4853	257	11	6	17	53	464	136	171	257
青海	19	9	20	12	0	0	0	5	7	1	4	12
宁夏	178	506	904	102	5	4	28	40	2	5	28	102
新疆	477	754	3753	270	4	3	13	1558	42	47	179	270

附表 A10　　　省级行政区规模以上机电井管理指标总体情况

省级行政区	规模以上机电井数量占比/%			规模以上机电井取水量占比/%		
	自备井比例	应急备用井比例	水量计量设施安装率	自备井取水量比例	应急备用井取水量比例	已安装水量计量设施机电井取水量比例
全国	6.6	4.7	6.3	17.3	1.78	20.7
北京	24.1	16.8	31.9	26.9	9.89	55.2
天津	13.1	26.3	13.5	27.1	1.61	31.9
河北	2.29	1.63	2.35	11.7	0.881	10.6
山西	25	5.03	9.6	44.8	1.86	28.1
内蒙古	5.04	3.77	3.37	12.4	0.88	9.81
辽宁	8.9	16.7	11	30.8	2.21	32.9
吉林	2.81	10.7	2.5	14.1	0.551	12.9
黑龙江	2.68	5.04	2.66	5.07	0.692	6.37
上海	56.1	37	100	21.8	4.04	100
江苏	27.9	34.6	42.6	31.8	2.79	77.4
浙江	66.3	19.5	29.1	72.6	17.8	47.2
安徽	10.3	3.1	12.9	32.7	1.9	42.3
福建	50.3	7.55	32.4	66.5	4.11	60.3
江西	30.7	13.2	33.5	40.7	6.16	54.6
山东	9.3	5.71	4.43	23.9	2.02	21.1
河南	2.95	1.52	4.53	10.7	0.72	13
湖北	39.4	21.7	21.1	54.8	12.9	31.3
湖南	36.8	10.3	27.8	43.1	3.96	45.5
广东	18.6	16.6	17.6	30.3	8.9	23.7
广西	19.6	3.93	30.9	29.4	2.04	49.1
海南	66.1	3.78	16.8	66.3	5.7	25.2
重庆	48.3	7.92	43.8	64.5	1.38	50.4
四川	53	20.6	29.2	67.1	12.3	58.8
贵州	33.9	30.6	23.2	57.4	3.89	35.2
云南	27.8	36	26.2	37.8	3.68	47.8
西藏	14.2	27.5	40.1	6.74	1.01	25.7
陕西	3.81	4.93	6.89	15.1	2.11	22.3
甘肃	7.16	6.25	48.9	9.62	0.56	52.7
青海	47.1	21.3	40.6	53.4	2.66	75.7
宁夏	15.8	23.5	12.9	32.1	4.11	54.3
新疆	12.4	5.4	14.2	12.1	2.23	18.7

附表A11　　　省级行政区各用途规模以上机电井管理指标

分区	城镇生活井				乡村生活井			
	数量占比/%			取水量直接计量比例/%	数量占比/%			取水量直接计量比例/%
	自备井比例	日常使用井比例	水量计量设施安装率		自备井比例	日常使用井比例	水量计量设施安装率	
全国	68.7	88.1	56.4	71.6	20.7	92.7	30.3	40.4
北京	71.8	76.6	71.1	75.1	37	75.1	55.3	66.8
天津	85.3	62.7	78.8	87.5	11.2	65.4	18.2	29.5
河北	69	92	57.9	74.4	10.8	93.5	16.7	22.1
山西	75.1	89.5	58.9	72.7	28.3	93.2	16.2	20.7
内蒙古	56.5	90.3	47	53.6	17.1	97.6	23.4	12.9
辽宁	72.8	90.9	41.4	75.2	22.4	94.8	24.7	16.6
吉林	78.9	92.9	45.4	63.3	7.8	97.2	8.7	18.3
黑龙江	48.9	93.8	53.5	55.9	4.01	94.3	12.3	12.7
上海	40	63.2	100	100	0	95	100	100
江苏	54.8	89.5	77.3	89.4	16.5	90.1	68	73.6
浙江	74.2	77.5	60.8	90.9	55.7	86.1	31.5	43.7
安徽	72.6	88.3	62	88.6	34.2	91.7	61.5	72
福建	81.3	82.8	51.2	86.1	32.2	93.2	37.1	39.7
江西	74.4	92.6	39	70.9	40.9	96.1	61.1	69.7
山东	68.7	86.7	57	85.8	27.9	90.6	40.4	51.8
河南	77.1	94.3	58.9	73.6	27	97.2	43.3	54.3
湖北	85.5	90.8	51.6	54.5	56.3	92.2	40.4	32
湖南	75.7	86	31.6	63.4	32.1	97.5	32.5	39
广东	73.3	85.5	37.5	39.5	12.1	96.2	33.4	37.8
广西	82.7	95.6	58.2	80.4	14.1	98.2	36.2	44.4
海南	88.3	90.3	33.3	33.4	89.1	98.3	17.4	26.1
重庆	52.8	86.1	33.3	42.1	32.4	92.8	50.7	57.4
四川	77.2	87.3	67.7	85.3	50.5	95.3	49.1	59.9
贵州	69.3	76.7	44.9	44.9	16.1	64.6	17.4	18
云南	86	79.9	57.8	75.5	19	74	39.3	47.4
西藏	10.3	98.7	59	31.2	36.6	97	64.9	62.5
陕西	50.2	89.4	44.8	54	3.58	96.2	26.3	37.1
甘肃	56.5	92.4	52.4	64.1	9.42	93	42.2	43.2
青海	43.1	80	55.3	80.6	36.2	71.8	35.1	42.2
宁夏	37.1	89.8	62.3	81.6	24.5	89.5	39.9	61.3
新疆	66.6	89	59.3	66.9	35	92.1	29.2	35.4

分区	工业井				农业灌溉井		
	数量占比/%			取水量直接计量比例/%	数量占比/%		取水量直接计量比例/%
	自备井比例	日常使用井比例	水量计量设施安装率		日常使用井比例	水量计量设施安装率	
全国	83.4	91.9	48.4	67.5	95.7	3.3	6.2
北京	82.8	79.6	67.6	74.8	86.9	15.9	14.7
天津	84.3	66.7	82.8	95.6	77.1	0.23	0.34
河北	73.8	95.9	34.9	56.1	98.7	0.82	0.36
山西	85.7	88.2	45.2	65	95.9	4.2	3.7
内蒙古	71	90.6	41	61	96.3	1.37	1.86
辽宁	93.4	91.7	34.4	69.7	81.5	7.63	0.66
吉林	91	92	41.7	57	88.6	0.9	0.44
黑龙江	92.4	92.6	62.9	79.2	95.1	0.11	0.03
上海	97.2	47.2	100	100	—	—	—
江苏	97	90.3	82.9	90.4	32.2	0.01	0
浙江	96.8	88.1	40.6	51.5	59	2.69	2.31
安徽	84.8	93.3	46.3	72.1	97.1	11.1	12.5
福建	90.5	92.2	39.3	57.1	95.4	2.44	6.91
江西	88.1	96.2	54.7	67.2	76.7	5.75	13.8
山东	81.9	93.4	47.2	74.7	94.5	1.72	1.2
河南	84.2	97.9	51	63.3	98.5	3.14	3.73
湖北	93.2	91.2	40.5	45.8	70	7.6	9.97
湖南	88.5	90	17.7	24.8	74.4	20.8	31.9
广东	85.4	84.8	36	34.2	75.4	1.45	2.53
广西	86.7	97.6	52.1	65.6	90.6	7.66	15.3
海南	90.9	98.2	33.3	57.6	95.5	8.78	11
重庆	86.5	94.4	32.6	38.7	75	0	0
四川	93.7	94	46.8	63.7	63.9	4.14	7.36
贵州	90.6	83.2	33.9	43.8	69.6	12	12.7
云南	86.7	85.8	63.2	74.9	50.1	3.38	1.95
西藏	74.3	100	62.9	1.4	57.8	27	59.5
陕西	82.9	93.3	61.7	80	95.1	2.78	1.58
甘肃	81	93.2	50.1	67	93.9	49.4	51.2
青海	97.4	89.9	65	84.1	70.1	8.77	5.95
宁夏	89.8	85.4	53.8	85.4	73.2	0.68	2.39
新疆	78.1	93.5	62.1	77.2	94.8	10.8	13.2

附表 A12

省级行政区 2011 年地下水开采量

省级行政区	合计/万 m³	按取水井井类型分/万 m³			按地貌类型分/万 m³		按地下水类型分/万 m³		按水用途分/万 m³			
		规模以上机电井	规模以下机电井	人力井	山丘区	平原区	浅层地下水	深层承压水	城镇生活	乡村生活	工业	农业灌溉
全国	10812483	8275120	2102020	435343	2122223	8690260	9869200	943283	853262	1695313	735870	7528038
北京	164127	162915	1174	38.5	15841	148286	163811	317	73500	30049	10421	50158
天津	58902	58743	159	0	5612	53290	27042	31861	3967	14947	11188	28800
河北	1463808	1412948	47796	3065	193551	1270258	1127891	335917	84435	110562	116236	1152575
山西	358412	350991	5678	1744	121323	237088	358412	0	55604	39550	67972	195286
内蒙古	855845	735024	106608	14213	264791	591054	852660	3186	53654	69376	48491	684324
辽宁	562656	335832	216732	10092	158287	404369	556269	6387	91061	88779	53590	329225
吉林	423511	186621	225182	11708	92488	331023	352449	71062	17730	98372	17613	289796
黑龙江	1489605	789519	691963	8122	98849	1390756	1423004	66600	45516	51332	27337	1365419
上海	1292	1292	0	0		1292	0	1292	665	437	190	0
江苏	130502	90576	16020	23906	8198	122304	55091	75411	20223	77973	21120	11186
浙江	46143	13488	19678	12977	34894	11248	45393	750	2504	34336	4172	5131
安徽	337904	182856	113232	41816	32045	305859	272820	65084	25170	112867	46107	153760
福建	62527	14937	40830	6759	48192	14335	62527	0	5427	41493	5469	10138
江西	121893	22089	51138	48665	73036	48856	121893	0	4932	84949	3657	28355
山东	893195	795181	75406	22607	196178	697017	830030	63165	66477	133651	90851	602216

续表

省级行政区	合计/万 m³	按取水井类型分/万 m³			按地貌类型分/万 m³		按地下水类型分/万 m³		按取水用途分/万 m³			
		规模以上机电井	规模以下机电井	人力井	山丘区	平原区	浅层地下水	深层承压水	城镇生活	乡村生活	工业	农业灌溉
河南	1136991	981499	111338	44154	97188	1039803	1048144	88847	57764	151887	48323	879017
湖北	92465	37650	31573	23243	48371	44094	92288	177	4698	52079	9137	26552
湖南	161658	44497	77470	39690	130987	30670	161394	263	17397	119944	6296	18020
广东	133844	41850	52389	39605	74461	59383	121488	12357	8263	71083	5447	49051
广西	124166	55733	37031	31402	111257	12909	117563	6602	14077	78384	5305	26399
海南	33819	13641	15087	5091	13231	20588	27694	6126	2532	17278	1051	12958
重庆	12644	1486	8463	2694	12644		12644	0	567	11507	395	174
四川	183312	61124	94150	28038	108853	74459	183272	40	25896	112636	12141	32639
贵州	10117	7963	1510	643	10117		10117	0	3172	3904	2021	1019
云南	29652	18766	5996	4890	29652		28987	665	5981	10274	3763	9635
西藏	13470	12226	664	580	12901	568	13470	0	5790	861	4333	2486
陕西	259379	225020	30711	3648	41935	217444	176649	82730	34856	33568	27336	163619
甘肃	331181	325296	4101	1784	53438	277743	329072	2110	23561	13229	15808	278584
青海	31183	30507	309	368	6935	24248	29912	1271	16147	986	11576	2474
宁夏	59521	55434	2789	1299	12851	46670	38456	21065	19641	4271	14186	21422
新疆	1228760	1209414	16843	2503	14116	1214644	1228760	0	62053	24750	44339	1097618

附表 A13　　　　　　　省级行政区地下水开采模数

省级行政区	县级行政区数量/个	地下水开采模数/[万 m³/(km²·a)]		其中：浅层地下水开采模数/[万 m³/(km²·a)]	
		省域	县域	省域	县域
全国	2868	1.2	0～96.1	1.0	0～96.1
北京	16	9.8	0.82～40.4	9.8	0.82～40.4
天津	16	4.9	0.28～11.8	2.3	0～9.33
河北	172	7.8	0.31～56.7	6.0	0～56.6
山西	119	2.3	0.04～49.9	2.3	0.04～49.9
内蒙古	101	0.7	0.02～21.0	0.7	0.02～21.0
辽宁	100	3.9	0.04～96.1	3.8	0～96.1
吉林	60	2.3	0.04～21.8	1.9	0.04～20.9
黑龙江	132	3.3	0～33.0	3.1	0～33.0
上海	18	0.2	0～0.48	0.0	0
江苏	105	1.3	0～32.4	0.5	0～5.18
浙江	90	0.8	0～3.21	0.8	0～3.22
安徽	105	2.6	0～49.8	2.1	0～20.7
福建	85	0.5	0～12.1	0.5	0～12.1
江西	100	0.7	0～7.65	0.7	0～7.65
山东	140	5.7	0～44.1	5.3	0～44.1
河南	159	6.9	0.05～83.1	6.4	0.05～82.9
湖北	103	0.5	0～4.20	0.5	0～4.20
湖南	122	0.8	0.01～6.02	0.8	0.01～6.02
广东	123	0.8	0～18.3	0.7	0～6.21
广西	110	0.5	0～13.7	0.5	0～9.28
海南	21	1.0	0.01～5.60	0.8	0.01～3.45
重庆	40	0.2	0～1.38	0.2	0～1.38
四川	181	0.4	0～19.9	0.4	0～19.9
贵州	88	0.1	0～0.88	0.1	0～0.88
云南	129	0.1	0～1.29	0.1	0～1.29
西藏	73	0.01	0～14.3	0.0	0～14.3
陕西	107	1.3	0～37.2	0.9	0～36.4
甘肃	87	0.8	0～16.5	0.8	0～16.2
青海	46	0.04	0～32.4	0.0	0～32.4
宁夏	22	1.1	0～17.1	0.7	0～3.37
新疆	98	0.7	0～41.0	0.7	0～41.0

附表 A14　　省级行政区县域地下水开采模数等级分布情况

省级行政区	县级行政区数量/个										
	合计	按地下水开采模数等级分					按浅层地下水开采模数等级分				
		低密度	中低密度	中密度	中高密度	高密度	低密度	中低密度	中密度	中高密度	高密度
全国	2868	2255	311	166	89	47	2338	292	129	69	40
北京	16	5	3	4	2	2	5	3	4	2	2
天津	16	6	8	2	0	0	15	1	0	0	0
河北	172	40	31	42	43	16	72	24	29	32	15
山西	119	80	31	4	2	2	80	31	4	2	2
内蒙古	101	82	8	10	1	0	82	8	10	1	0
辽宁	100	60	22	9	4	5	60	22	9	4	5
吉林	60	48	10	1	1	0	50	8	1	1	0
黑龙江	132	100	20	4	7	1	106	15	5	5	1
上海	18	18	0	0	0	0	18	0	0	0	0
江苏	105	99	4	0	1	1	103	2	0	0	0
浙江	90	90	0	0	0	0	90	0	0	0	0
安徽	105	81	16	6	1	1	88	12	4	1	0
福建	85	73	11	1	0	0	73	11	1	0	0
江西	100	98	2	0	0	0	98	2	0	0	0
山东	140	59	53	23	2	3	64	51	20	3	2
河南	159	51	38	42	16	12	58	48	29	15	9
湖北	103	102	1	0	0	0	102	1	0	0	0
湖南	122	119	3	0	0	0	119	3	0	0	0
广东	123	116	4	2	1	0	118	5	0	0	0
广西	110	104	4	2	0	0	106	4	0	0	0
海南	21	19	2	0	0	0	21	0	0	0	0
重庆	40	40	0	0	0	0	40	0	0	0	0
四川	181	169	8	3	1	0	169	8	3	1	0
贵州	88	88	0	0	0	0	88	0	0	0	0
云南	129	129	0	0	0	0	129	0	0	0	0
西藏	73	72	0	1	0	0	72	0	1	0	0
陕西	107	86	10	4	6	1	90	11	4	1	1
甘肃	87	81	5	1	0	0	81	5	1	0	0
青海	46	45	0	0	0	1	45	0	0	0	1
宁夏	22	21	0	1	0	0	22	0	0	0	0
新疆	98	74	17	4	1	2	74	17	4	1	2

附表 A15   省级行政区不同地貌类型区地下水开采模数

省级行政区	地下水开采量/万 m³			其中：浅层地下水开采量/万 m³			地下水开采模数/[万 m³/(km²·a)]			其中：浅层地下水开采模数/[万 m³/(km²·a)]		
	平原区	山丘区	合计	平原区	山丘区	合计	平原区	山丘区	平均	平原区	山丘区	平均
全国	8690260	2122223	10812483	7799304	2069895	9869199	3.1	0.323	1.2	2.8	0.315	1.0
北京	148286	15841	164127	147970	15841	163811	21.5	1.60	9.77	21.5	1.60	9.75
天津	53290	5612	58902	21429	5612	27042	4.76	7.72	4.94	1.91	7.72	2.27
河北	1270258	193551	1463808	936873	191018	1127891	14.9	1.88	7.80	11.0	1.86	6.01
山西	237088	121323	358412	237088	121323	358412	8.72	0.940	2.29	8.72	0.940	2.29
内蒙古	591054	264791	855845	588675	263984	852660	0.887	0.542	0.741	0.883	0.540	0.738
辽宁	404369	158287	562656	398131	158138	556269	12.8	1.39	3.87	12.6	1.39	3.82
吉林	331023	92488	423511	259967	92482	352449	4.61	0.801	2.26	3.62	0.801	1.88
黑龙江	1390756	98849	1489605	1324155	98849	1423004	6.92	0.391	3.28	6.59	0.391	3.14
上海	1292		1292	0		0	0.204		0.204	0		0
江苏	122304	8198	130502	46956	8135	55091	1.37	0.650	1.28	0.526	0.645	0.540
浙江	11248	34894	46143	10503	34890	45393	0.705	0.811	0.782	0.658	0.810	0.769
安徽	305859	32045	337904	243200	29619	272819	5.54	0.427	2.60	4.41	0.395	2.10
福建	14335	48192	62527	14335	48192	62527	8.78	0.394	0.504	8.78	0.394	0.504
江西	48856	73036	121893	48856	73036	121893	2.42	0.498	0.730	2.42	0.498	0.730
山东	697017	196178	893195	638402	191628	830030	9.03	2.47	5.70	8.27	2.41	5.30

省级行政区	地下水开采量/万 m³			其中:浅层地下水开采量/万 m³			地下水开采模数/[万 m³/(km²·a)]			其中:浅层地下水开采模数/[万 m³/(km²·a)]		
	平原区	山丘区	合计	合计	平原区	山丘区	平原区	山丘区	平均	平原区	山丘区	平均
河南	1039803	97188	1136991	1048144	972402	75742	12.3	1.23	6.95	11.5	0.955	6.41
湖北	44094	48371	92465	92288	44094	48194	0.992	0.369	0.527	0.992	0.368	0.526
湖南	30670	130987	161658	161394	30670	130724	1.85	0.671	0.763	1.85	0.670	0.762
广东	59383	74461	133844	121488	49791	71697	2.03	0.502	0.754	1.70	0.483	0.684
广西	12909	111257	124166	117563	6748	110815	6.88	0.475	0.526	3.60	0.473	0.498
海南	20588	13231	33819	27694	14465	13229	2.24	0.531	0.992	1.58	0.531	0.812
重庆		12644	12644	12644		12644		0.153	0.153		0.153	0.153
四川	74459	108853	183312	183272	74459	108813	3.72	0.234	0.379	3.72	0.234	0.378
贵州		10117	10117	10117		10117		0.057	0.057		0.057	0.057
云南		29652	29652	28987		28987		0.077	0.077		0.076	0.076
西藏	568	12901	13470	13470	568	12901	0.051	0.011	0.011	0.051	0.011	0.011
陕西	217444	41935	259379	176649	148667	27982	5.95	0.248	1.26	4.07	0.166	0.860
甘肃	277743	53438	331181	329072	276952	52119	2.86	0.178	0.833	2.85	0.173	0.828
青海	24248	6935	31183	29912	23034	6877	0.156	0.012	0.044	0.149	0.012	0.042
宁夏	46670	12851	59521	38456	26266	12190	2.36	0.402	1.15	1.33	0.381	0.742
新疆	1214644	14116	1228760	1228760	1214644	14116	1.29	0.020	0.748	1.29	0.020	0.748

附表 A16　　省级行政区平原区 2011 年浅层地下水开采系数

省级行政区	浅层地下水开采量/万 m³			平原区浅层地下水可开采量/万 m³	平原区 2011 年浅层地下水开采系数/%
	山丘区	平原区	合计		
	A1	A2	A3	A4	A5＝A2/A4
全国	2069896	7799304	9869200	12339447	63
北京	15841	147970	163811	222201	67
天津	5612	21429	27042	41600	52
河北	191018	936873	1127891	811764	115
山西	121323	237088	358412	245255	97
内蒙古	263984	588675	852660	1102973	53
辽宁	158138	398131	556269	555590	72
吉林	92482	259967	352449	433852	60
黑龙江	98849	1324155	1423004	1631581	81
上海		0	0	67654	0
江苏	8135	46956	55091	664088	7
浙江	34890	10503	45393	120977	9
安徽	29620	243200	272820	556287	44
福建	48192	14335	62527	25020	57
江西	73036	48856	121893	174338	28
山东	191628	638402	830030	748352	85
河南	75742	972402	1048144	985121	99
湖北	48194	44094	92288	404119	11
湖南	130724	30670	161394	160655	19
广东	71697	49791	121488	333178	15
广西	110815	6748	117563	31400	21
海南	13229	14465	27694	160141	9
重庆	12644		12644		
四川	108813	74459	183272	234054	32
贵州	10117		10117		
云南	28987		28987		
西藏	12901	568	13470	43875	1
陕西	27982	148667	176649	384138	39
甘肃	52119	276952	329072	261163	106
青海	6877	23034	29912	243409	9
宁夏	12190	26266	38456	169511	15
新疆	14116	1214644	1228760	1527151	80

附表 A17　　　　省级行政区地下水开采量占经济社会用水量比例

省级行政区	地下水开采量/亿 m³			地下水占经济社会用水比例/%		
	全区	供水	农业灌溉	全区	供水	灌溉
全国	1081.25	328.44	752.80	17.4	15.3	18.5
北京	16.41	11.40	5.02	46.6	42.8	58.0
天津	5.89	3.01	2.88	22.5	22.3	22.7
河北	146.38	31.12	115.26	77.7	53.4	88.6
山西	35.84	16.31	19.53	47.9	51.3	45.4
内蒙古	85.58	17.15	68.43	43.6	42.2	44.0
辽宁	56.27	23.34	32.92	40.4	43.6	38.4
吉林	42.35	13.37	28.98	33.0	28.6	35.6
黑龙江	148.96	12.42	136.54	44.1	22.0	48.6
上海	0.13	0.13	0.00	0.1	0.1	0.0
江苏	13.05	11.93	1.12	2.4	4.6	0.4
浙江	4.61	4.10	0.51	2.3	3.8	0.6
安徽	33.79	18.41	15.38	11.6	15.3	9.1
福建	6.25	5.24	1.01	3.2	6.1	0.9
江西	12.19	9.35	2.84	4.1	12.8	1.3
山东	89.32	29.10	60.22	38.4	36.9	39.2
河南	113.70	25.80	87.90	47.3	25.0	64.0
湖北	9.25	6.59	2.66	2.8	4.9	1.4
湖南	16.17	14.36	1.80	4.6	10.3	0.9
广东	13.38	8.48	4.91	2.8	4.1	1.8
广西	12.42	9.78	2.64	4.2	12.0	1.3
海南	3.38	2.09	1.30	7.5	20.1	3.7
重庆	1.26	1.25	0.02	1.6	2.2	0.1
四川	18.33	15.07	3.26	7.7	15.6	2.3
贵州	1.01	0.91	0.10	1.4	3.3	0.2
云南	2.97	2.00	0.96	2.1	5.1	1.0
西藏	1.35	1.10	0.25	4.6	33.0	0.9
陕西	25.94	9.58	16.36	31.3	34.9	29.5
甘肃	33.12	5.26	27.86	25.8	25.2	25.9
青海	3.12	2.87	0.25	10.4	35.7	1.1
宁夏	5.95	3.81	2.14	7.9	48.3	3.2
新疆	122.88	13.11	109.76	21.0	53.5	19.6

附表A18　　**省级行政区规模以上地下水水源地数量及供水量**

省级行政区	规模以上地下水水源地数量/个					规模以上地下水水源地供水量/万 m³				
	合计	按日取水规模分				合计	按日取水规模分			
		W日≥15	5≤W日<15	1≤W日<5	0.5≤W日<1		W日≥15	5≤W日<15	1≤W日<5	0.5≤W日<1
全国	1841	17	136	864	824	859053	63695	214928	423482	156948
北京	83	5	7	36	35	59797	29273	13644	13945	2936
天津	5	0	3	2	0	3765	0	2123	1642	0
河北	179	4	15	84	76	89602	7402	23119	41763	17318
山西	140	1	10	52	77	67157	5458	19174	27078	15448
内蒙古	183	0	5	84	94	63318	0	6625	38748	17945
辽宁	146	1	21	72	52	112215	12716	43721	46944	8834
吉林	38	0	3	17	18	16999	0	2708	10117	4175
黑龙江	103	0	2	51	50	40065	0	4655	26551	8858
上海	0	0	0	0	0	0	0	0	0	0
江苏	27	0	2	9	16	11956	0	4342	5267	2347
浙江	3	0	0	0	3	659	0	0	0	659
安徽	47	0	2	28	17	25918	0	4440	18007	3471
福建	24	0	0	9	15	4101	0	0	2088	2013
江西	13	0	0	8	5	2613	0	0	2272	341
山东	212	1	12	116	83	84352	431	15492	53242	15186

续表

省级行政区	规模以上地下水水源地数量/个					规模以上地下水水源地供水量/万 m³				
	合计	按日取水规模分				合计	按日取水规模分			
		$W_日 \geq 15$	$5 \leq W_日 < 15$	$1 \leq W_日 < 5$	$0.5 \leq W_日 < 1$		$W_日 \geq 15$	$5 \leq W_日 < 15$	$1 \leq W_日 < 5$	$0.5 \leq W_日 < 1$
河南	160	1	11	79	69	57222	153	11195	31451	14423
湖北	5	0	0	1	4	698	0	0	40	658
湖南	40	0	0	20	20	10513	0	0	8095	2417
广东	20	0	0	10	10	4144	0	0	3091	1053
广西	18	0	3	8	7	9094	0	5332	2803	958
海南	0	0	0	0	0	0	0	0	0	0
重庆	0	0	0	0	0	0	0	0	0	0
四川	67	0	2	40	25	22832	0	1843	17373	3616
贵州	4	0	0	0	4	452	0	0	0	452
云南	9	0	0	5	4	2674	0	0	1887	787
西藏	7	0	0	4	3	9179	0	0	4312	4867
陕西	87	1	4	26	56	35142	1486	5978	15130	12548
甘肃	40	0	3	17	20	19987	0	4745	11181	4060
青海	41	1	7	15	18	24793	1440	12653	6138	4562
宁夏	29	0	4	15	10	16256	0	6806	7973	1477
新疆	111	2	20	56	33	63552	5336	26335	26345	5536

注 $W_日$ 为地下水水源地的日取水量，单位为万 m³/d。

附表 A19　　　　　　　　　　　重点城市地下水水源地数量

重点城市名称	合计/个	按日取水规模分/个				按使用情况分/个		按取水用途分/个		
		0.5万(含)~1万 m³	1万(含)~5万 m³	5万(含)~15万 m³	≥15万 m³	日常使用	应急备用	城镇生活	工业	乡村生活
合计	335	125	160	41	9	311	24	251	50	34
北京市市辖区	79	33	34	7	5	74	5	52	7	20
天津市市辖区	1	0	1	0	0	1	0	1	0	0
石家庄市	22	9	10	2	1	22	0	15	6	1
太原市	11	3	4	3	1	11	0	5	6	0
呼和浩特市	19	9	9	1	0	19	0	16	2	1
沈阳市	46	13	24	9	0	46	0	36	10	0
长春市	6	4	2	0	0	5	1	5	1	0
哈尔滨市	17	9	8	0	0	17	0	14	3	0
上海市市辖区	0	0	0	0	0	0	0	0	0	0
南京市	0	0	0	0	0	0	0	0	0	0
杭州市	1	1	0	0	0	1	0	0	0	1
合肥市	0	0	0	0	0	0	0	0	0	0
福州市	2	1	1	0	0	1	1	2	0	0
南昌市	1	1	0	0	0	1	0	0	1	0
济南市	24	6	13	4	1	17	7	17	1	6
郑州市	14	6	8	0	0	13	1	10	2	2
武汉市	0	0	0	0	0	0	0	0	0	0
长沙市	0	0	0	0	0	0	0	0	0	0
广州市	0	0	0	0	0	0	0	0	0	0
南宁市	2	0	2	0	0	2	0	2	0	0
海口市	0	0	0	0	0	0	0	0	0	0
重庆市市辖区	0	0	0	0	0	0	0	0	0	0
成都市	25	10	15	0	0	20	5	23	1	1
贵阳市	0	0	0	0	0	0	0	0	0	0
昆明市	2	0	2	0	0	2	0	2	0	0
拉萨市	4	2	2	0	0	4	0	4	0	0
西安市	11	2	5	4	0	11	0	10	1	0
兰州市	3	1	2	0	0	3	0	3	0	0
西宁市	17	8	4	5	0	16	1	11	5	1
银川市	9	1	6	2	0	9	0	6	2	1
乌鲁木齐市	8	0	3	4	1	6	2	7	1	0
大连市	0	0	0	0	0	0	0	0	0	0
宁波市	0	0	0	0	0	0	0	0	0	0
厦门市	0	0	0	0	0	0	0	0	0	0
青岛市	10	6	4	0	0	10	0	9	0	1
深圳市	1	0	1	0	0	0	1	1	0	0

附表 A20 　　　　　　　　　　重点城市地下水水源地开采量

重点城市	合计 /万 m³	按取水用途分/万 m³		
		城镇生活	工业	乡村生活
合计	223804	189623	31194	2987
北京市市辖区	58591	55065	1700	1826
天津市市辖区	570	570	0	0
石家庄市	13490	9621	3846	23.0
太原市	13009	4107	8902	0
呼和浩特市	10141	9275	724	142
沈阳市	43060	36902	6158	0
长春市	1823	1478	345	0
哈尔滨市	6789	6197	592	0
上海市市辖区	0	0	0	0
南京市	0	0	0	0
杭州市	113	0	0	113
合肥市	0	0	0	0
福州市	158	158	0	0
南昌市	198	0	198	0
济南市	6769	5569	502	698
郑州市	3351	2397	909	44.8
武汉市	0	0	0	0
长沙市	0	0	0	0
广州市	0	0	0	0
南宁市	1562	1562	0	0
海口市	0	0	0	0
重庆市市辖区	0	0	0	0
成都市	9497	9211	246	39.9
贵阳市	0	0	0	0
昆明市	497	497	0	0
拉萨市	7450	7450	0	0
西安市	8653	8253	400	0
兰州市	1275	1275	0	0
西宁市	12941	10347	2594	0
银川市	9028	7266	1700	62.0
乌鲁木齐市	13274	10896	2378	0
大连市	0	0	0	0
宁波市	0	0	0	0
厦门市	0	0	0	0
青岛市	1567	1529	0	37.5
深圳市	0	0	0	0

附表 A21　　水资源一级区规模以上地下水水源地管理情况

水资源一级区	水源地数量/个					占比/%			
	水源地数量	按应用状况分		按是否办理取水许可分		按应用状况分		按是否办理取水许可分	
		日常使用	应急备用	已办理	未办理	日常使用	应急备用	已办理	未办理
全国	1841	1723	118	1446	395	93.6	6.4	78.5	21.5
北方地区	1601	1513	88	1238	363	94.5	5.5	77.3	22.7
南方地区	240	210	30	208	32	87.5	12.5	86.7	13.3
松花江区	158	148	10	117	41	93.7	6.3	74.1	25.9
辽河区	182	180	2	134	48	98.9	1.1	73.6	26.4
海河区	391	367	24	293	98	93.9	6.1	74.9	25.1
黄河区	397	377	20	304	93	95.0	5.0	76.6	23.4
淮河区	301	277	24	253	48	92.0	8.0	84.1	15.9
长江区	160	138	22	147	13	86.3	13.8	91.9	8.1
其中：太湖流域	1	1	0	1	0	100	0	100	0
东南诸河	17	12	5	12	5	70.6	29.4	70.6	29.4
珠江区	53	50	3	42	11	94.3	5.7	79.2	20.8
西南诸河	10	10	0	7	3	100.0	0.0	70.0	30.0
西北诸河	172	164	8	137	35	95.3	4.7	79.7	20.3

附表 A22　　省级行政区规模以上地下水水源地管理情况

省级行政区	水源地数量/个					占比/%			
	合计	按应用状况		按是否办理取水许可		按应用状况		按是否办理取水许可	
		日常使用	应急备用	已办理	未办理	日常使用	应急备用	已办理	未办理
全国	1841	1723	118	1446	395	93.6	6.4	78.5	21.5
北京	83	78	5	67	16	94.0	6.0	80.7	19.3
天津	5	4	1	4	1	80.0	20.0	80.0	20.0
河北	179	165	14	128	51	92.2	7.8	71.5	28.5
山西	140	135	5	111	29	96.4	3.6	79.3	20.7
内蒙古	183	180	3	126	57	98.4	1.6	68.9	31.1
辽宁	146	144	2	102	44	98.6	1.4	69.9	30.1
吉林	38	35	3	30	8	92.1	7.9	78.9	21.1
黑龙江	103	99	4	78	25	96.1	3.9	75.7	24.3
上海	0	0	0	0	0				
江苏	27	26	1	27	0	96.3	3.7	100.0	0.0
浙江	3	3	0	2	1	100.0	0.0	66.7	33.3
安徽	47	45	2	45	2	95.7	4.3	95.7	4.3
福建	24	19	5	19	5	79.2	20.8	79.2	20.8
江西	13	11	2	11	2	84.6	15.4	84.6	15.4
山东	212	186	26	177	35	87.7	12.3	83.5	16.5
河南	160	151	9	118	42	94.4	5.6	73.8	26.3
湖北	5	5	0	3	2	100.0	0.0	60.0	40.0
湖南	40	33	7	36	4	82.5	17.5	90.0	10.0
广东	20	17	3	14	6	85.0	15.0	70.0	30.0
广西	18	18	0	17	1	100.0	0.0	94.4	5.6
海南	0	0	0	0	0				
重庆	0	0	0	0	0				
四川	67	57	10	64	3	85.1	14.9	95.5	4.5
贵州	4	3	1	1	3	75.0	25.0	25.0	75.0
云南	9	8	1	8	1	88.9	11.1	88.9	11.1
西藏	7	7	0	5	2	100.0	0.0	71.4	28.6
陕西	87	86	1	74	13	98.9	1.1	85.1	14.9
甘肃	40	36	4	39	1	90.0	10.0	97.5	2.5
青海	41	39	2	37	4	95.1	4.9	90.2	9.8
宁夏	29	25	4	21	8	86.2	13.8	72.4	27.6
新疆	111	108	3	82	29	97.3	2.7	73.9	26.1

附表 A23 省级行政区浅层地下水超采区地下水取水工程数量及密度

省级行政区	取水井数量/眼				规模以上地下水水源地数量/个	取水井密度/（眼/km²）			
	合计	规模以上机电井	规模以下机电井	人力井		取水井	规模以上机电井	规模以下机电井	人力井
全国	97479799	4449325	49368162	43662312	1841	10.4	0.47	5.25	4.65
浅层超采区	3096079	855249	1543833	696997	171	27.9	7.7	13.9	6.3
北京	34423	31089	2324	1010	43	7.5	6.7	0.5	0.2
天津									
河北	1213268	417148	768081	28039	41	42.5	14.6	26.9	1
山西	26811	15993	7919	2899	11	4.3	2.6	1.3	0.5
内蒙古	20403	8351	12021	32	3	14.8	6.1	8.7	0
辽宁	112275	2725	80137	29413	9	38.9	0.9	27.8	10.2
吉林	14754	2155	11338	1261	0	41.1	6	31.6	3.5
黑龙江									
上海									
江苏	134	3	93	37	0	133.4	3.1	93	37.3
浙江									
安徽	578	37	344	197	0	150.2	9.7	89.5	51.1
福建									
江西	1636	1	576	1059	0	101.2	0.1	35.6	65.5
山东	731707	173559	175790	382359	31	51	12.1	12.2	26.6
河南	892560	188651	470929	232979	19	76.4	16.2	40.3	20
湖北	5402	28	2093	3281	0	52.6	0.3	20.4	31.9
湖南									
广东									
广西									
海南									
重庆									
四川									
贵州									
云南									
西藏									
陕西	5918	2283	3378	257	4	10.1	3.9	5.8	0.4
甘肃	19329	6653	4161	8515	2	1.4	0.5	0.3	0.6
青海									
宁夏									
新疆	16880	6573	4647	5659	8	0.7	0.3	0.2	0.2

附表 A24   省级行政区浅层地下水超采区 2011 年地下水开采量及开采模数

省级行政区	地下水开采量/万 m³			开采模数/〔万 m³/（km²·a）〕	
	合计	浅层地下水	深层承压水	地下水开采模数	其中：浅层地下水开采模数
全国	10812482	9869199	943283	1.2	1.0
浅层超采区	1375646	1305442	70204	12.4	11.8
北京	76323	76209	114	16.6	16.5
天津					
河北	630593	588185	42409	22.1	20.6
山西	45629	45629	0	7.3	7.3
内蒙古	28869	28869	0	21.0	21.0
辽宁	31430	31308	122	10.9	10.8
吉林	7532	7155	378	21.0	19.9
黑龙江					
上海					
江苏	2	1	1	1.9	0.7
浙江					
安徽	48	42	6	12.5	10.9
福建					
江西	62	62	0	3.8	3.8
山东	165179	155696	9483	11.5	10.8
河南	240148	228784	11364	20.6	19.6
湖北	182	182	0	1.8	1.8
湖南					
广东					
广西					
海南					
重庆					
四川					
贵州					
云南					
西藏					
陕西	10120	3893	6227	17.3	6.6
甘肃	42836	42736	100	3.0	3.0
青海					
宁夏					
新疆	96690	96690	0	3.8	3.8

附表 A25

重要经济区地下水取水工程数量及密度

重要经济区		取水井数量/眼				规模以上地下水水源地数量/个	取水井密度/(眼/km²)			
		合计	规模以上机电井	规模以下机电井	人力井		合计	规模以上机电井	规模以下机电井	人力井
全国		97479799	4449325	49368162	43662312	1841	10.4	0.47	5.25	4.65
经济区合计		74524445	3462069	38574736	32487640	1267	26.3	1.22	13.6	11.5
环渤海地区	小计	8955747	813285	5676187	2466275	394	27.1	2.46	17.2	7.46
	京津冀地区	2525978	404074	1662588	459316	203	17.5	2.79	11.5	3.18
	辽中南地区	4074334	114959	2919797	1039578	122	34.9	0.985	25.0	8.91
	山东半岛地区	2355435	294252	1093802	967381	69	34.1	4.26	15.8	14.0
	长江三角洲地区	5015013	5715	877945	4131353	2	47.3	0.054	8.28	39.0
	珠江三角洲地区	605728	4440	162385	438903	3	11.0	0.081	2.96	8.01
	冀中南地区	1719470	576638	1059031	83801	58	24.7	8.30	15.2	1.21
	太原城市群	186799	37185	103812	45802	51	2.76	0.550	1.53	0.677
	呼包鄂榆地区	539259	116712	261768	160779	90	3.04	0.658	1.48	0.907
哈长地区	小计	3745406	168920	2412122	1164364	72	16.1	0.728	10.4	5.02
	哈大齐工业走廊与牡绥地区	1822958	99199	1147737	576022	54	11.5	0.624	7.22	3.62
	长吉图经济区	1922448	69721	1264385	588342	18	26.3	0.953	17.3	8.04
东陇海地区		2345033	18181	870615	1456237	22	99.0	0.767	36.7	61.5
江淮地区		2522069	1857	1208900	1311312	3	35.1	0.026	16.8	18.3
海峡西岸经济区		3021060	5528	1344299	1671233	25	13.1	0.024	5.84	7.26

续表

重要经济区		取水井数量/眼				规模以上地下水水源地数量/个	取水井密度/(眼/km²)			
		合计	规模以上机电井	规模以下机电井	人力井		合计	规模以上机电井	规模以下机电井	人力井
中原经济区		22160366	1522683	10559056	10078627	254	88.3	6.07	42.1	40.2
长江中游地区	小计	10957396	17481	5331772	5608143	44	39.3	0.063	19.1	20.1
	武汉城市圈	2374394	4005	923495	1446894	2	40.9	0.069	15.9	24.9
	环长株潭城市群	4693136	7184	3189213	1496739	31	48.5	0.074	32.9	15.5
	鄱阳湖生态经济区	3889866	6292	1219064	2664510	11	31.5	0.051	9.86	21.6
北部湾地区		1769888	15238	759998	994652	22	20.0	0.172	8.59	11.2
成渝经济区	小计	9345644	12208	7217800	2115636	54	44.8	0.058	34.6	10.1
	重庆经济区	1179981	464	916447	263070	0	22.5	0.009	17.5	5.02
	成都经济区	8165663	11744	6301353	1852566	54	52.2	0.075	40.3	11.8
黔中地区		6400	1277	3170	1953	1	0.082	0.016	0.041	0.025
滇中地区		310802	2134	72062	236606	5	3.24	0.022	0.752	2.47
藏中南地区		16049	318	995	14736	7	0.254	0.005	0.016	0.233
关中-天水地区		872276	109826	506574	255876	68	9.97	1.26	5.79	2.93
兰州-西宁地区		67398	2634	5373	59391	26	0.392	0.015	0.031	0.345
宁夏沿黄经济区		272673	4753	101743	166177	23	9.21	0.161	3.44	5.62
天山北坡经济区		89969	25056	39129	25784	43	0.774	0.216	0.337	0.222

附表 A26　重要经济区地下水开采情况及占经济社会供水比例

重要经济区		地下水开采量 /万 m³				地下水开采模数 /[万 m³/(km²·a)]			地下水占经济社会供水比例 /%		
		合计	规模以上机电井	规模以下机电井	人力井	合计	灌溉	供水	总供水	供水	灌溉
全国		10812483	8275120	2102020	435343	1.15	0.8	0.35	17.4	15.3	18.5
经济区合计		6677476	5207579	1165631	304266	2.36	1.52	0.84	17.2	15.0	18.8
环渤海地区	小计	1478332	1221648	242385	14299	4.47	2.67	1.80	44.1	40.8	46.7
	京津冀地区	709497	676684	30667	2146	4.91	2.77	2.13	54.3	45.5	63.9
	辽中南地区	490726	287528	194198	9001	4.20	2.51	1.69	39.3	46.1	35.8
	山东半岛地区	278109	257436	17521	3152	4.02	2.72	1.3	35.0	25.5	42.5
	长江三角洲地区	64255	32527	11159	20568	0.61	0.03	0.58	1.3	2.0	0.2
	珠江三角洲地区	19527	4423	7911	7193	0.36	0.1	0.26	0.8	0.9	0.6
	冀中南地区	966250	946834	18459	957	13.9	11.9	2.00	82.5	48.2	93.6
	太原城市群	139328	136882	1719	727	2.06	1.04	1.01	48.8	50.2	47.5
	呼包鄂输地区	262577	236179	25090	1309	1.48	1.14	0.34	51.7	39.4	57.1
哈长地区	小计	558467	275825	272258	10384	2.41	1.85	0.55	27.2	20.4	30.2
	哈大齐工业走廊与杜绥地区	352232	178593	169422	4217	2.22	1.82	0.39	25.5	16.9	28.6
	长吉图经济区	206236	97232	102837	6167	2.82	1.91	0.91	30.7	25.5	34.0
东陇海地区		61789	39850	12183	9757	2.61	0.61	2.00	8.7	30.6	2.6
江淮地区		26956	4439	11550	10967	0.38	0.02	0.35	1.6	3.3	0.2
海峡西岸经济区		107005	20760	56906	29339	0.46	0.07	0.39	3.1	6.6	0.8

续表

重要经济区		地下水开采量 /万 m³				地下水开采模数 /[万 m³/(km²·a)]			地下水占经济社会供水比例 /%		
		合计	规模以上机电井	规模以下机电井	人力井	合计	灌溉	供水	总供水	供水	灌溉
中原经济区		1722160	1424966	220884	76310	6.86	4.91	1.95	45.2	33.1	52.9
长江中游地区	小计	258783	66570	118225	73988	0.93	0.15	0.78	3.9	8.8	1.0
	武汉城市圈	41884	16649	11999	13237	0.72	0.06	0.67	2.3	4.6	0.3
	环长株潭城市群	115520	30343	62511	22666	1.19	0.11	1.08	4.8	10.2	0.8
	鄱阳湖生态经济区	101378	19578	43716	38085	0.82	0.22	0.60	4.1	12.1	1.4
北部湾地区		133363	66704	49994	16666	1.51	0.65	0.86	9.3	23.0	5.2
成渝经济区	小计	180818	58366	95862	26589	0.87	0.15	0.72	7.1	11.5	2.5
	重庆经济区	12301	1372	8340	2589	0.23	0	0.23	1.7	2.3	0.1
	成都经济区	168516	56994	87523	23999	1.08	0.2	0.88	9.1	17.9	2.9
黔中地区		5284	4880	263	141	0.07	0.01	0.06	1.5	3.5	0.2
滇中地区		12978	9590	1572	1815	0.14	0.02	0.11	3.2	6.0	1.0
藏中南地区		11558	11009	344	204	0.18	0.03	0.16	14.1	74.1	2.5
关中-天水地区		194287	179953	12401	1933	2.22	1.38	0.85	37.9	40.6	36.4
兰州-西宁地区		35639	35020	378	241	0.21	0.08	0.13	10.8	21.9	5.8
宁夏沿黄经济区		46182	43010	2495	677	1.56	0.36	1.20	6.9	49.1	1.8
天山北坡经济区		391936	388144	3590	202	3.37	2.81	0.56	31.7	63.6	28.8

注 地下水占经济社会供水比例的"灌溉"列是指灌溉总用水量中地下水的比例,"供水"列是指工业、生活等供水量中地下水的比例,以此类推。

附表 A27 能源基地地下水取水工程数量及密度

能源基地名称	取水井数量/眼				规模以上地下水水源地数量/个	井密度/(眼/km²)			
	合计	规模以上机电井	规模以下机电井	人力井		合计	规模以上机电井	规模以下机电井	人力井
全国	97479799	4449325	49368162	43662312	1841	10.4	0.47	5.25	4.65
能源基地合计	2015661	247364	1094869	673428	303	1.97	0.24	1.07	0.66
山西 小计	323863	48299	196143	79421	104	3.22	0.48	1.95	0.79
晋北煤炭基地	119004	10107	74874	34023	34	4.05	0.34	2.55	1.16
晋中煤炭基地（含晋西）	95259	22731	49049	23479	39	2.59	0.62	1.33	0.64
晋东煤炭基地	109600	15461	72220	21919	31	3.2	0.45	2.11	0.64
小计	669952	116995	347034	205923	110	2.55	0.45	1.32	0.79
陕北能源化工基地	277729	25626	193958	58145	10	3.56	0.33	2.49	0.75
黄陇煤炭基地	25123	8668	9205	7250	17	1.82	0.63	0.67	0.52
神东煤炭基地	21359	13658	3866	3835	32	0.73	0.46	0.13	0.13
鄂尔多斯盆地 鄂尔多斯市能源与重化工产业基地	219210	62489	95404	61317	31	2.52	0.72	1.1	0.7
宁东煤炭基地	66505	3958	22667	39880	13	2.75	0.16	0.94	1.65
陇东能源化工基地	60026	2596	21934	35496	7	2.01	0.09	0.74	1.19
东北地区 小计	785637	53488	465734	266415	54	4.36	0.3	2.58	1.48
蒙东（东北）煤炭基地	537970	34910	348895	154165	35	3.4	0.22	2.21	0.97
大庆油田	247667	18578	116839	112250	19	11.2	0.84	5.27	5.07
西南地区 云贵煤炭基地	99140	681	35532	62927	2	1.48	0.01	0.53	0.94
新疆 小计	137069	27901	50426	58742	33	0.33	0.07	0.12	0.14
准东煤炭、石油基地	23560	7310	5630	10620	5	0.21	0.07	0.05	0.1
伊犁煤炭基地	50006	2450	26916	20640	6	1.98	0.1	1.07	0.82
吐哈煤炭、石油基地	18268	11300	3629	3339	7	0.09	0.06	0.02	0.02
克拉玛依-和丰石油、煤炭基地	16678	4087	6397	6194	11	0.32	0.08	0.12	0.12
库拜煤炭基地	28557	2754	7854	17949	4	0.94	0.09	0.26	0.59

附表 A28

能源基地地下水开采情况及占经济社会供水比例

名　称	地下水开采量/万 m³				地下水开采模数/[m³/(km²·a)]	2011 年平原浅层地下水开采系数/%	地下水占经济社会供水比例/%		
	合计	规模以上机电井	规模以下机电井	人力井			合计	供水	灌溉
全国	10812483	8275120	2102020	435343	1.15	63	17.4	15.3	18.5
能源基地合计	1212968	928717	277741	6509	1.19	68	31.0	30.6	31.1
山西 小计	198038	192211	4427	1399	1.97	81	44.4	49.3	38.5
晋北煤炭基地	47789	45970	1127	692	1.63	71	51	51.2	50.7
晋中煤炭基地（含晋西）	83449	81181	1886	382	2.27	110	40.7	48.7	34
晋东煤炭基地	66801	65060	1414	326	1.95	48	45.4	49	38.2
鄂尔多斯盆地 小计	259668	230489	27626	1553	0.99	46	33.6	35.9	32.7
陕北能源化工基地	51682	34543	16559	581	0.66	27	50.6	29.4	65.9
黄陇煤炭基地	21256	20919	269	68	1.54	23	28.3	47.3	20.3
神东煤炭基地	56067	55700	326	41	1.91	78	40.1	35.5	43
鄂尔多斯市能源与重化工产业基地	106227	96269	9594	364	1.22	82	56.9	42.6	60.5
宁东煤炭基地	15858	15318	267	273	0.66	14	6.9	32.9	2.4
陇东能源化工基地	8578	7741	611	227	0.29	41	21.9	30.5	11.2
东北地区 小计	424332	181602	240635	2095	2.35	72	43	22.6	49.6
蒙东（东北）煤炭基地	392331	159900	231164	1268	2.48	99	51.5	27.3	57.3
大庆油田	32001	21702	9472	826	1.44	7.7	14.2	15.6	13.2
西南地区 小计	4466	2815	640	1011	0.07		1.5	3.1	0.2
云贵煤炭基地	4466	2815	640	1011	0.07		1.5	3.1	0.2
新疆 小计	326464	321600	4413	451	0.79	80	23	31.2	22.3
准东煤炭、石油基地	91088	90214	764	109	0.82	81	27.4	10.2	30.5
伊犁煤炭基地	30813	29366	1342	105	1.22	51	8.9	49.3	7.2
吐哈煤炭、石油基地	138722	138593	101	29	0.72	173	61	67.3	60.6
克拉玛依—和丰石油、煤炭基地	46081	43998	2042	41	0.88	68	21.6	31.1	19.9
库拜煤炭基地	19759	19428	165	167	0.65	23	6.6	90.9	4.9

附表 A29

粮食主产区地下水取水工程数量及密度

粮食主产区		取水井数量/眼				井密度/（眼/km²）			
		合计	规模以上机电井	规模以下机电井	人力井	合计	规模以上机电井	规模以下机电井	人力井
全国		97479799	4449325	49368162	43662312	10.4	0.47	5.25	4.65
粮食主产区合计		62624513	3331468	32656046	26636999	22.9	1.22	12.0	9.76
东北平原	小计	11876936	597510	8125046	3154380	14.1	0.7	9.6	3.7
	辽河中下游区	5228713	250928	3797664	1180121	23.4	1.12	17.0	5.29
	松嫩平原	6076955	280400	4026867	1769688	12.7	0.58	8.4	3.69
	三江平原	571268	66182	300515	204571	4.1	0.47	2.13	1.45
黄淮海平原	小计	28829629	2448378	13318550	13062701	76.5	6.49	35.3	34.6
	黄海平原	5078579	1136416	2851760	1090403	45.3	10.1	25.4	9.73
	黄淮平原	20773729	1050241	9043761	10679727	96.5	4.9	42.0	49.6
	山东半岛区	2977321	261721	1423029	1292571	59.9	5.3	28.7	26
汾渭平原	汾渭谷地区	867372	120814	503165	243393	8.7	1.21	5.05	2.44
河套灌区	宁蒙河段区	408035	56582	136296	215157	4.14	0.57	1.38	2.18
长江流域	小计	19124793	29846	10171805	8923142	41.6	0.06	22.1	19.4
	长江下游地区	2965907	3987	832872	2129048	59	0.08	16.6	42.4
	鄱阳湖湖区	2992444	4955	902172	2085317	35.6	0.06	10.7	24.8
	江汉平原区	2353371	6324	1035184	1311863	28.5	0.08	12.5	15.9
	洞庭湖湖区	5089150	7173	3135234	1946743	42.9	0.06	26.4	16.4
	四川盆地区	5723921	7407	4266343	1450171	46	0.06	34.3	11.7
华南主产区	小计	1016399	5374	298341	712684	4.64	0	1.36	3.25
	浙闽区	186316	444	118886	66986	3.85	0	2.46	1.39
	粤桂丘陵区	592741	1741	111048	479952	13.2	0	2.48	10.7
	云贵藏高原区	237342	3189	68407	165746	1.88	0	0.54	1.31
甘新	甘新地区	501349	72964	102843	325542	0.79	0.12	0.16	0.52

附表 A30 　粮食主产区地下水开采情况及占经济社会供水比例

粮食主产区		地下水开采量/万 m³						开采模数 /[万 m³ /(km²·a)]	2011年平原浅层地下水开采系数 /%	占经济社会用水量的比例 /%		
		合计	按取水工程分			按取水用途分				合计	供水	灌溉
			规模以上机电井	规模以下机电井	人力井	供水	灌溉					
全国		10812483	8275120	2102020	435343	3284445	7528038	1.15	63	17.4	15.3	18.5
粮食主产区合计		7134014	5265676	1626672	241666	1585560	5548452	2.61	77	24.4	28.1	23.5
东北平原	小计	2632681	1454739	1145732	32210	388179	2244501	3.12	77	49	54.6	48.2
	辽河中下游区	784491	535814	237144	11533	176378	608114	3.51	71	57.1	69.6	54.2
	松嫩平原	875849	403076	453251	19522	187140	688709	1.83	45	36.7	48.3	34.4
	三江平原	972340	515849	455537	1155	24662	947678	6.89	154	60.5	34.7	61.7
黄淮海平原	小计	2907438	2255146	259726	92566	684189	2223249	7.71	95	40.8	38.5	41.5
	黄海平原	1590582	1513376	67970	9236	238379	1352203	14.2	157	68.9	45.5	75.7
	黄淮平原	1063103	817480	167252	78372	375486	687617	4.94	58	24.7	35	21.3
	山东半岛区	253753	224291	24504	4957	70325	183428	5.11	124	48.5	39	53.5
汾渭平原	汾渭谷地区	230611	219969	9458	1185	65279	165332	2.31	70	49.7	52.1	48.8
河套灌区	宁蒙河段区	167946	162215	4202	1529	34993	132953	1.7	55	13.5	32.2	11.7
长江流域	小计	401663	114052	185470	102141	319986	81678	0.87	19.6	4.49	12.8	1.27
	长江下游地区	35994	17509	7065	11420	34432	1562	0.72	4.9	1.89	7.02	0.11
	鄱阳湖湖区	81593	14733	36209	30651	55749	25844	0.97	38	4.34	14.9	1.72
	江汉平原区	56164	22559	21306	12299	35339	20825	0.68	13	3.53	9.74	1.7
	洞庭湖湖区	121004	30097	61731	29176	110166	10837	1.02	22	5.23	14.9	0.69
	四川盆地区	106908	29154	59159	18595	84299	22610	0.86	44	8.48	15.9	3.09
华南主产区	小计	33351	14895	8456	10000	25862	7489	0.08	1	1.87	8.29	0.51
	浙闽区	5529	2726	2034	770	5002	527	0.11		0.98	5.05	0.11
	粤桂丘陵区	17736	5668	4196	7872	14434	3302	0.4	0.8	2.57	14.6	0.56
	云贵藏高原区	10085	6502	2226	1358	6426	3660	0.08	1	1.9	5.65	0.88
甘新疆	甘新地区	760322	744658	13628	2036	67071	693251	1.2	83	17.6	58	16.5

附表A31

重点生态功能区地下水取水工程及开采情况

重点生态功能区	取水井数量/眼				井密度/(眼/km²)				地下水开采量/万m³				开采模数/[万m³/(km²·a)]
	合计	规模以上机电井	规模以下机电井	人力井	合计	规模以上机电井	规模以下机电井	人力井	合计	规模以上机电井	规模以下机电井	人力井	
全国	97479799	4449325	49368162	43662312	10.4	0.47	5.25	4.65	10812483	8275120	2102020	435343	1.15
生态功能区合计	5719833	351139	2731159	2637535	1.48	0.09	0.71	0.68	1798513	1240050	522746	35717	0.47
大小兴安岭森林生态功能区	858970	41346	478944	338680	2.24	0.11	1.25	0.88	200294	109106	85951	5237	0.52
长白山森林生态功能区	437398	32365	310330	94703	3.91	0.29	2.77	0.85	88537	60660	27163	715	0.79
阿尔泰山地森林草原生态功能区	56400	565	19273	36562	0.48	0	0.16	0.31	4526	3310	910	305	0.04
三江源草原湿地生态功能区	3735	22	28	3685	0.01	0	0	0.01	117	48	6	63	0.0004
若尔盖草原湿地生态功能区	3935	38	1468	2429	0.13	0	0.05	0.08	239	168	31	40	0.01
甘南黄河重要水源补给生态功能区	33883	77	15041	18765	0.93	0	0.41	0.51	914	774	71	70	0.03
祁连山冰川与水源涵养生态功能区	44150	14112	3290	26748	0.21	0.07	0.02	0.13	63386	63161	82	143	0.3
南岭山地森林及生物多样性生态功能区	622511	1310	158028	463173	9.2	0.02	2.34	6.85	16579	3732	5118	7729	0.25
黄土高原丘陵沟壑水土保持生态功能区	294175	8924	161178	124073	2.48	0.08	1.36	1.05	32773	27765	3489	1519	0.28
大别山水土保持生态功能区	819773	1001	383594	435178	26.3	0.03	12.3	14.0	12327	3760	3978	4590	0.4
桂黔滇喀斯特石漠化防治生态功能区	86471	931	36198	49342	1.12	0.01	0.47	0.64	7446	4329	2526	592	0.1

续表

重点生态功能区	取水井数量/眼				井密度/(眼/km²)				地下水开采量/万 m³				开采模数/[万 m³/(km²·a)]
	合计	规模以上机电井	规模以下机电井	人力井	合计	规模以上机电井	规模以下机电井	人力井	合计	规模以上机电井	规模以下机电井	人力井	
三峡库区水土保持生态功能区	8664	1	1387	7276	0.31	0	0.05	0.26	208	17	30	161	0.01
塔里木河荒漠化防治生态功能区	131093	21841	19017	90235	0.34	0.06	0.05	0.24	229138	222457	6181	500	0.6
阿尔金草原荒漠化防治生态功能区	5124	1662	6	3456	0.02	0	0	0.01	28658	28617	3	37	0.08
呼伦贝尔草原草甸生态功能区	13331	534	2654	10143	0.28	0.01	0.06	0.22	3425	1521	1140	763	0.07
科尔沁草原生态功能区	981104	119235	561328	300541	8.46	1.03	4.84	2.59	281412	227070	51604	2738	2.43
浑善达克沙漠化防治生态功能区	354768	48453	192591	113724	2.15	0.29	1.17	0.69	44050	36294	5119	2637	0.27
阴山北麓草原生态功能区	53695	16219	22600	14876	0.55	0.17	0.23	0.15	47690	46889	598	203	0.49
川滇森林及生物多样性生态功能区	57951	342	20159	37450	0.19	0	0.07	0.12	1508	907	253	348	0
秦巴生物多样性生态功能区	401656	6686	118829	276141	2.82	0.05	0.84	1.94	21257	13682	4922	2653	0.15
藏东南高原边缘森林生态功能区	0	0	0	0	0	0	0	0	0	0	0	0	0
藏西北羌塘高原荒漠生态功能区	2040	2	291	1747	0.004	0	0.001	0.003	119	11	14	94	0.0002
三江平原湿地生态功能区	225425	34988	121735	68702	4.72	0.73	2.55	1.44	705244	383723	321019	502	14.8
武陵山区生物多样性与水土保持生态功能区	200452	346	97589	102517	3.05	0.01	1.49	1.56	7938	1832	2225	3881	0.12
海南岛中部山区热带雨林生态功能区	23129	139	5601	17389	3.25	0.02	0.79	2.45	728	216	314	198	0.1

附录 B 名词解释及说明

一、地下水取水井

机电井：以电动机、柴油机等动力机械带动水泵抽取地下水的水井。

灌溉机电井：灌溉农田（含水田、水浇地和菜田）、林果地、草场以及为鱼塘补水的机电井。

供水机电井：向城乡生活和工业供水的机电井，如自来水供水企业的水源井、村镇集中供水工程的水源井、单位自备井及居民家用水井等。

规模以上机电井：井口井管内径 200mm 及以上的灌溉机电井、日取水量 20m³ 及以上的供水机电井。

规模以下机电井：井口井管内径 200mm 以下的灌溉机电井、日取水量 20m³ 以下的供水机电井。

人力井：以人力或畜力提取地下水的水井，如手压井、辘轳井等。

井深及地下水水埋深：井深指从井口地面起算至井底的深度，地下水埋深指从井口地面起算至井中水面的深度。

单位自备井：用水单位为满足本单位及周边单位、居民用水要求而自建的水井。

应急备用井：一般年份不取水，仅在特殊干旱年份或突发公共供水事件时才启用以及平时封存备用的水井。

配套机电井：已安装机电提水设备（包括电动机、柴油机等动力机械和水泵等）可以进行灌溉或供水的机电井。

取水井控制灌溉面积：指在一般年景可以进行正常灌溉的面积，一般可根据取水井设计文件等资料确定。

取水井水量计量设施安装率：已安装水量计量设施的取水井数量占取水井总数的比例。水量计量设施分水表、流速仪、堰槽及其他 4 种类型，其中堰槽包括三角堰、矩形堰、梯形堰等。

取水井取水许可办理率：已办理取水许可的取水井数量占取水井总数的比例。

取水井应急备用率：应急备用的取水井数量占取水井总数的比例。

取水井密度：单位面积上的取水井数量，可以直观地反映取水井数量在一定区域的疏密程度。

纯井灌区：以井水作为灌溉水源的灌区，以本次普查灌区专项成果划分。

井渠结合灌区：灌溉水源既有井水又有地表水的灌区，以本次普查灌区专项成果划分。

二、地下水水源地

地下水水源地：向城乡生活或工业供水的地下水集中开采区，如自来水供水企业的水源地、村镇集中供水工程的水源地、单位自备水源地等。

规模以上地下水水源地：日取水量 0.5 万 m^3 及以上的地下水水源地。

地下水水源地规模划分：依据《供水水文地质勘察规范》（GB 50027—2001）和《饮用水水源保护区划分技术规范》（HJ/T 338—2007）对水源地规模划分标准的有关规定，并结合本次普查地下水水源地的普查范围，本书地下水水源地规模划分采用如下标准：①特大型：日取水量≥15 万 m^3；②大型：5 万 m^3≤日取水量<15 万 m^3；③中型：1 万 m^3≤日取水量<5 万 m^3；④小型：0.5 万 m^3≤日取水量<1 万 m^3。

自备水源地：用水单位为满足本单位及周边单位、居民用水要求而自建的水源地。

应急备用水源地：一般年份不取水，仅在特殊干旱年份或突发公共供水事件时才启用以及平时封存备用的水源地。

水源地保护区：为防治水源地污染，保证水源地环境质量而划定，并要求加以特殊保护的一定面积的陆域，分为一级保护区、二级保护区和准保护区。

三、地下水

浅层地下水：与当地大气降水和地表水体有直接水力联系的潜水以及与潜水有密切水力联系的承压水。

深层承压水：埋藏相对较深、与当地大气降水和地表水体没有密切水力联系而难于补给的承压水。

矿泉水：一般是指在特定地质条件下形成的含有适宜医疗或饮用等的气体成分、微量元素和其他盐类成分的地下水。本次普查规定具有矿泉水、地热水双重特征的地下水视为矿泉水。

地热水：一般是指温度大于或等于 25℃的地下水，参考了《地热资源地质勘查规范》（GB 11615—89）对地热资源的规定。

水质类别：根据《地下水质量标准》（GB/T 14848—93），地下水水质类别划分为Ⅰ、Ⅱ、Ⅲ、Ⅳ、Ⅴ五类。

Ⅰ类主要反映地下水化学组分的天然低背景含量。适用于各种用途。

Ⅱ类主要反映地下水化学组分的天然背景含量。适用于各种用途。

Ⅲ类以人体健康基准值为依据。主要适用于集中式生活饮用水水源及工、农业用水。

Ⅳ类以农业和工业用水要求为依据。除适用于农业和部分工业用水外，适当处理后可作生活饮用水。

Ⅴ类不宜饮用，其他用水可根据使用目的选用。

地下水开采模数：单位面积上的地下水开采量，可以直观地反映在一定区域的地下水开采强度。

地下水开采系数：指地下水开采量与可开采量的比值，可表征地下水开发利用程度。2011 年地下水开采系数采用 2011 年地下水开采量与多年平均可开采量之比计算。

地下水超采区：指某一范围内，在一定时期，地下水实际开采量超过了该范围内的地下水可开采量造成地下水水位持续下降的区域；或因过量开采地下水引发了环境地质灾害或生态环境恶化现象的区域。超采区应依据有关资料，按照《地下水超采区评价导则》（SL 286—2003）进行划分。

附录C 全国水资源分区表

一、松花江区

水资源分区名称			所涉及行政区	
一级区	二级区	三级区	省级	地级
	8	18		
松花江	额尔古纳河	呼伦湖水系	内蒙古自治区	呼伦贝尔市、兴安盟、锡林郭勒盟
		海拉尔河	内蒙古自治区	呼伦贝尔市
		额尔古纳河干流	内蒙古自治区	呼伦贝尔市
	嫩江	尼尔基以上	内蒙古自治区	呼伦贝尔市
			黑龙江省	齐齐哈尔市、黑河市、大兴安岭地区
		尼尔基至江桥	内蒙古自治区	呼伦贝尔市、兴安盟
			黑龙江省	齐齐哈尔市、黑河市、绥化市
		江桥以下	内蒙古自治区	通辽市、兴安盟、锡林郭勒盟
			吉林省	松原市、白城市
			黑龙江省	哈尔滨市、齐齐哈尔市、大庆市、黑河市、绥化市
	第二松花江	丰满以上	辽宁省	抚顺市
			吉林省	吉林市、辽源市、通化市、白山市、延边朝鲜族自治州
		丰满以下	吉林省	长春市、吉林市、四平市、辽源市、松原市

水资源分区名称			所涉及行政区	
一级区	二级区	三级区	省　级	地　级
松花江	松花江（三岔河口以下）	三岔河口至哈尔滨	吉林省	长春市、吉林市、松原市
			黑龙江省	哈尔滨市、大庆市、绥化市
		哈尔滨至通河	黑龙江省	哈尔滨市、齐齐哈尔市、伊春市、黑河市、绥化市
		牡丹江	吉林省	吉林市、延边朝鲜族自治州
			黑龙江省	哈尔滨市、七台河市、牡丹江市
		通河至佳木斯干流区间	黑龙江省	哈尔滨市、伊春市、佳木斯市、七台河市
		佳木斯以下	黑龙江省	鹤岗市、双鸭山市、佳木斯市
	黑龙江干流	黑龙江干流	黑龙江省	鹤岗市、伊春市、佳木斯市、黑河市、大兴安岭地区
	乌苏里江	穆棱河口以上	黑龙江省	鸡西市、牡丹江市
		穆棱河口以下	黑龙江省	鸡西市、双鸭山市、佳木斯市、七台河市
	绥芬河	绥芬河	吉林省	延边朝鲜族自治州
			黑龙江省	牡丹江市
	图们江	图们江	吉林省	延边朝鲜族自治州

注　1. 松花江区包括松花江流域及额尔古纳河、黑龙江干流、乌苏里江、图们江、绥芬河等国境内部分。
　　2. 分区名称中出现"以上"或"以下"，统一定义"以上"为包含，"以下"为不包含。如"尼尔基以上"为包含尼尔基。
　　3. 三级区"尼尔基至江桥"，含诺敏河、雅鲁河、绰尔河、讷谟尔河等诸小河。
　　4. 三级区"江桥以下"含乌裕尔河、双阳河、洮儿河、霍林河等诸小河。

二、辽河区

水资源分区名称			所涉及行政区	
一级区	二级区	三级区	省 级	地 级
	6	12		
辽河	西辽河	西拉木伦河及老哈河	河北省	承德市
			内蒙古自治区	赤峰市、通辽市、锡林郭勒盟
			辽宁省	朝阳市
		乌力吉木仁河	内蒙古自治区	赤峰市、通辽市、兴安盟、锡林郭勒盟
			吉林省	白城市
		西辽河下游区间（苏家堡以下）	内蒙古自治区	赤峰市、通辽市
			吉林省	四平市、松原市
	东辽河	东辽河	内蒙古自治区	通辽市
			辽宁省	铁岭市
			吉林省	四平市、辽源市
	辽河干流	柳河口以上	内蒙古自治区	通辽市
			辽宁省	沈阳市、抚顺市、阜新市、铁岭市
			吉林省	四平市
		柳河口以下	辽宁省	沈阳市、鞍山市、锦州市、阜新市、盘锦市
	浑太河	浑河	辽宁省	沈阳市、鞍山市、抚顺市、辽阳市、铁岭市
		太子河及大辽河干流	辽宁省	沈阳市、鞍山市、抚顺市、本溪市、丹东市、营口市、辽阳市、盘锦市

水资源分区名称			所涉及行政区	
一级区	二级区	三级区	省　级	地　级
辽河	鸭绿江	浑江口以上	辽宁省	抚顺市、本溪市、丹东市
			吉林省	通化市、白山市
		浑江口以下	辽宁省	本溪市、丹东市
	东北沿黄渤海诸河	沿黄渤海东部诸河	辽宁省	大连市、鞍山市、丹东市、营口市
		沿渤海西部诸河	河北省	承德市
			内蒙古自治区	赤峰市、通辽市
			辽宁省	锦州市、阜新市、盘锦市、朝阳市、葫芦岛市

注　1. 辽河区包括辽河流域、辽宁沿海诸河区以及鸭绿江流域国境内部分。
　　2. 三级区"柳河口以下"含柳河及绕阳河。

三、海河区

水资源分区名称			所涉及行政区	
一级区	二级区	三级区	省　级	地　级
	4	15		
海河	滦河及冀东沿海	滦河山区	河北省	唐山市、秦皇岛市、张家口市、承德市
			内蒙古自治区	锡林郭勒盟、赤峰市
			辽宁省	朝阳市、葫芦岛市
		滦河平原及冀东沿海诸河	河北省	唐山市、秦皇岛市
	海河北系	北三河山区（蓟运河、潮白河、北运河）	北京市	
			天津市	
			河北省	唐山市、张家口市、承德市
		永定河册田水库以上	山西省	大同市、朔州市、忻州市
			内蒙古自治区	乌兰察布市

水资源分区名称			所涉及行政区	
一级区	二级区	三级区	省 级	地 级
海河	海河北系	永定河册田水库至三家店区间	北京市	
			河北省	张家口市
			山西省	大同市
			内蒙古自治区	乌兰察布市
		北四河下游平原	北京市	
			天津市	
			河北省	唐山市、廊坊市
	海河南系	大清河山区	北京市	
			河北省	石家庄市、保定市、张家口市
			山西省	大同市、忻州市
		大清河淀西平原	北京市	
			河北省	石家庄市、保定市
		大清河淀东平原	天津市	
			河北省	保定市、沧州市、廊坊市、衡水市
		子牙河山区	河北省	石家庄市、邯郸市、邢台市
			山西省	太原市、大同市、阳泉市、朔州市、晋中市、忻州市
		子牙河平原	河北省	石家庄市、邯郸市、邢台市、沧州市、衡水市
		漳卫河山区	河北省	邯郸市
			山西省	长治市、晋城市、晋中市
			河南省	安阳市、鹤壁市、新乡市、焦作市
		漳卫河平原	河北省	邯郸市
			河南省	安阳市、鹤壁市、新乡市、焦作市、濮阳市
		黑龙港及运东平原	河北省	邯郸市、邢台市、沧州市、衡水市

水资源分区名称			所涉及行政区	
一级区	二级区	三级区	省 级	地 级
海河	徒骇马颊河	徒骇马颊河	河北省	邯郸市
			山东省	济南市、东营市、德州市、聊城市、滨州市
			河南省	安阳市、濮阳市

四、黄河区

水资源分区名称			所涉及行政区	
一级区	二级区	三级区	省 级	地 级
	8	29		
黄河	龙羊峡以上	河源至玛曲	四川省	阿坝藏族羌族自治州
			甘肃省	甘南藏族自治州
			青海省	果洛藏族自治州、玉树藏族自治州
		玛曲至龙羊峡	甘肃省	甘南藏族自治州
			青海省	黄南藏族自治州、海南藏族自治州、果洛藏族自治州
	龙羊峡至兰州	大通河享堂以上	甘肃省	兰州市、武威市
			青海省	海东地区、海北藏族自治州、海西蒙古族藏族自治州
		湟水	甘肃省	兰州市、临夏回族自治州
			青海省	西宁市、海东地区、海北藏族自治州
		大夏河与洮河	甘肃省	定西市、临夏回族自治州、甘南藏族自治州
			青海省	黄南藏族自治州
		龙羊峡至兰州干流区间	甘肃省	兰州市、武威市、临夏回族自治州
			青海省	西宁市、海东地区、黄南藏族自治州、海南藏族自治州

水资源分区名称			所涉及行政区	
一级区	二级区	三级区	省 级	地 级
黄河	兰州至河口镇	兰州至下河沿	甘肃省	兰州市、白银市、武威市、定西市
			宁夏回族自治区	固原市、中卫
		清水河与苦水河	甘肃省	庆阳市
			宁夏回族自治区	吴忠市、固原市、中卫
		下河沿至石嘴山	内蒙古自治区	鄂尔多斯市、阿拉善盟
			宁夏回族自治区	银川市、石嘴山市、吴忠市、中卫
		石嘴山至河口镇北岸	内蒙古自治区	呼和浩特市、包头市、乌兰察布市、巴彦淖尔市、阿拉善盟
		石嘴山至河口镇南岸	内蒙古自治区	乌海市、鄂尔多斯市
	河口镇至龙门	河口镇至龙门左岸	山西省	大同市、朔州市、运城市、忻州市、临汾市、吕梁市
			内蒙古自治区	呼和浩特市、乌兰察布市
		吴堡以上右岸	内蒙古自治区	鄂尔多斯市
			陕西省	榆林市
		吴堡以下右岸	内蒙古自治区	鄂尔多斯市
			陕西省	渭南市、延安市、榆林市
	龙门至三门峡	汾河	山西省	太原市、阳泉市、长治市、晋城市、晋中市、运城市、忻州市、临汾市、吕梁市
		北洛河洑头以上	陕西省	铜川市、渭南市、延安市、榆林市
			甘肃省	庆阳市

水资源分区名称			所涉及行政区	
一级区	二级区	三级区	省　级	地　级
黄河	龙门至三门峡	泾河张家山以上	陕西省	宝鸡市、咸阳市、榆林市
			甘肃省	平凉市、庆阳市
			宁夏回族自治区	吴忠市、固原市
		渭河宝鸡峡以上	陕西省	宝鸡市
			甘肃省	白银市、天水市、定西市、平凉市
			宁夏回族自治区	固原市
		渭河宝鸡峡至咸阳	陕西省	西安市、宝鸡市、咸阳市、杨凌市
		渭河咸阳至潼关	陕西省	西安市、铜川市、咸阳市、渭南市、商洛市
		龙门至三门峡干流区间	山西省	运城市
			河南省	三门峡市
			陕西省	渭南市、延安市
	三门峡至花园口	三门峡至小浪底区间	山西省	晋城市、运城市、临汾市
			河南省	洛阳市、三门峡市、济源市
		沁丹河	山西省	长治市、晋城市、晋中市、临汾市
			河南省	焦作市、济源市
		伊洛河	河南省	郑州市、洛阳市、三门峡市
			陕西省	西安市、渭南市、商洛市
		小浪底至花园口干流区间	河南省	郑州市、洛阳市、新乡市、焦作市、济源市

水资源分区名称			所涉及行政区	
一级区	二级区	三级区	省　级	地　级
黄河	花园口以下	金堤河和天然文岩渠	河南省	安阳市、新乡市、濮阳市
		大汶河	山东省	济南市、淄博市、济宁市、泰安市、莱芜市
		花园口以下干流区间	山东省	济南市、淄博市、东营市、济宁市、泰安市、德州市、聊城市、滨州市、菏泽市
			河南省	郑州市、开封市、新乡市、濮阳市
	内流区	内流区	内蒙古自治区	鄂尔多斯市
			陕西省	榆林市
			宁夏回族自治区	吴忠市

五、淮河区

水资源分区名称			所涉及行政区	
一级区	二级区	三级区	省　级	地　级
	5	14		
淮河	淮河上游（王家坝以上）	王家坝以上北岸	安徽省	阜阳市
			河南省	平顶山市、漯河市、信阳市、驻马店市
		王家坝以上南岸	河南省	南阳市、信阳市
			湖北省	孝感市、随州市

水资源分区名称			所涉及行政区	
一级区	二级区	三级区	省　级	地　级
淮河	淮河中游（王家坝至洪泽湖出口）	王蚌区间北岸	安徽省	蚌埠市、淮南市、阜阳市、亳州市
			河南省	郑州市、开封市、洛阳市、平顶山市、许昌市、漯河市、南阳市、商丘市、周口市、驻马店市
		王蚌区间南岸	安徽省	合肥市、蚌埠市、淮南市、安庆市、滁州市、六安市
			河南省	信阳市
		蚌洪区间北岸	江苏省	徐州市、淮安市、宿迁市
			安徽省	蚌埠市、淮北市、宿州市、亳州市
			河南省	商丘市
		蚌洪区间南岸	江苏省	淮安市
			安徽省	合肥市、蚌埠市、滁州市
	淮河下游（洪泽湖出口以下）	高天区	江苏省	南京市、淮安市、扬州市、镇江市
			安徽省	滁州市
		里下河区	江苏省	南通市、淮安市、盐城市、扬州市、泰州市
	沂沭泗河	南四湖区	江苏省	徐州市
			安徽省	宿州市
			山东省	济宁市、菏泽市、枣庄市、泰安市
			河南省	开封市、商丘市
		中运河区	江苏省	徐州市、宿迁市
			山东省	枣庄市、临沂市

续表

水资源分区名称			所涉及行政区	
一级区	二级区	三级区	省级	地级
淮河	沂沭泗河	沂沭河区	江苏省	徐州市、连云港市、淮安市、盐城市、宿迁市
			山东省	淄博市、日照市、临沂市
		日赣区	江苏省	连云港市
			山东省	日照市、临沂市
	山东半岛沿海诸河	小清河	山东省	济南市、淄博市、东营市、潍坊市、滨州市
		胶东诸河	山东省	青岛市、烟台市、潍坊市、威海市、日照市、临沂市

注 淮河区包括淮河流域及山东半岛沿海诸河区。

六、长江区

水资源分区名称			所涉及行政区	
一级区	二级区	三级区	省级	地级
	12	45		
长江	金沙江石鼓以上	通天河	青海省	玉树藏族自治州、海西蒙古族藏族自治州
		直门达至石鼓	四川省	甘孜藏族自治州
			云南省	丽江市、迪庆藏族自治州
			西藏自治区	昌都地区
			青海省	玉树藏族自治州
	金沙江石鼓以下	雅砻江	四川省	攀枝花市、甘孜藏族自治州、凉山彝族自治州
			云南省	丽江市
			青海省	果洛藏族自治州、玉树藏族自治州

水资源分区名称			所涉及行政区	
一级区	二级区	三级区	省　级	地　级
长江	金沙江石鼓以下	石鼓以下干流	四川省	攀枝花市、乐山市、宜宾市、甘孜藏族自治州、凉山彝族自治州
			贵州省	毕节市
			云南省	昆明市、曲靖市、昭通市、丽江市、楚雄彝族自治州、大理白族自治州、迪庆藏族自治州
	岷沱江	大渡河	四川省	乐山市、雅安市、阿坝藏族羌族自治州、甘孜藏族自治州、凉山彝族自治州
			青海省	果洛藏族自治州
		青衣江和岷江干流	四川省	成都市、自贡市、内江市、乐山市、眉山市、宜宾市、雅安市、阿坝藏族羌族自治州、凉山彝族自治州
		沱江	重庆市	
			四川省	成都市、自贡市、泸州市、德阳市、绵阳市、内江市、乐山市、眉山市、宜宾市、资阳市
	嘉陵江	广元昭化以上	四川省	绵阳市、广元市、阿坝藏族羌族自治州
			陕西省	宝鸡市、汉中市
			甘肃省	天水市、定西市、陇南市、甘南藏族自治州
		涪江	重庆市	
			四川省	德阳市、绵阳市、广元市、遂宁市、南充市、资阳市、阿坝藏族羌族自治州

水资源分区名称			所涉及行政区	
一级区	二级区	三级区	省级	地级
长江	嘉陵江	渠江	重庆市	
			四川省	广元市、南充市、广安市、达州市、巴中市
			陕西省	汉中市
		广元昭化以下干流	重庆市	
			四川省	绵阳市、广元市、遂宁市、南充市、广安市、巴中市
			陕西省	汉中市
	乌江	思南以上	贵州省	贵阳市、六盘水市、遵义市、安顺市、铜仁市、毕节市、黔东南苗族侗族自治州、黔南布依族苗族自治州
			云南省	昭通市
		思南以下	湖北省	恩施土家族苗族自治州
			重庆市	
			贵州省	遵义市、铜仁市
	宜宾至宜昌	赤水河	四川省	泸州市
			贵州省	遵义市、毕节市
			云南省	昭通市
		宜宾至宜昌干流	湖北省	宜昌市、恩施土家族苗族自治州、神农架林区
			重庆市	
			四川省	泸州市、宜宾市、广安市、达州市
			贵州省	遵义市
			云南省	昭通市

水资源分区名称			所涉及行政区	
一级区	二级区	三级区	省 级	地 级
长江	洞庭湖水系	澧水	湖北省	宜昌市、恩施土家族苗族自治州
			湖南省	常德市、张家界市、湘西土家族苗族自治州
		沅江浦市镇以上	湖南省	邵阳市、怀化市、湘西土家族苗族自治州
			贵州省	铜仁市、黔东南苗族侗族自治州、黔南布依族苗族自治州
		沅江浦市镇以下	湖北省	恩施土家族苗族自治州
			湖南省	常德市、张家界市、怀化市、湘西土家族苗族自治州
			重庆市	
			贵州省	铜仁市
		资水冷水江以上	湖南省	邵阳市、永州市、怀化市、娄底市
			广西壮族自治区	桂林市
		资水冷水江以下	湖南省	邵阳市、常德市、益阳市、怀化市、娄底市
		湘江衡阳以上	湖南省	衡阳市、邵阳市、郴州市、永州市、娄底市
			广东省	清远市
			广西壮族自治区	桂林市
		湘江衡阳以下	江西省	萍乡市、宜春市
			湖南省	长沙市、株洲市、湘潭市、衡阳市、邵阳市、岳阳市、益阳市、郴州市、娄底市
		洞庭湖环湖区	江西省	九江市
			湖北省	宜昌市、荆州市
			湖南省	长沙市、岳阳市、常德市、益阳市

续表

水资源分区名称			所涉及行政区	
一级区	二级区	三级区	省　级	地　级
长江	汉江	丹江口以上	河南省	洛阳市、三门峡市、南阳市
			湖北省	十堰市、神农架林区
			重庆市	
			四川省	达州市
			陕西省	西安市、宝鸡市、汉中市、安康市、商洛市
			甘肃省	陇南市
		唐白河	河南省	洛阳市、南阳市、驻马店市
			湖北省	襄阳市、随州市
		丹江口以下干流	河南省	南阳市
			湖北省	武汉市、十堰市、襄阳市、荆门市、孝感市、仙桃市、潜江市、天门市、神农架林区
	鄱阳湖水系	修水	江西省	南昌市、九江市、宜春市
		赣江栋背以上	福建省	三明市、龙岩市
			江西省	赣州市、吉安市、抚州市
			湖南省	郴州市
			广东省	韶关市
		赣江栋背至峡江	江西省	萍乡市、新余市、赣州市、吉安市、宜春市、抚州市
		赣江峡江以下	江西省	南昌市、萍乡市、新余市、吉安市、宜春市
		抚河	福建省	南平市
			江西省	南昌市、宜春市、抚州市
		信江	浙江省	衢州市
			福建省	南平市
			江西省	鹰潭市、抚州市、上饶市

水资源分区名称			所涉及行政区	
一级区	二级区	三级区	省级	地级
长江	鄱阳湖水系	饶河	浙江省	衢州市
			安徽省	黄山市
			江西省	景德镇市、上饶市
		鄱阳湖环湖区	安徽省	池州市
			江西省	南昌市、九江市、鹰潭市、宜春市、抚州市、上饶市
	宜昌至湖口	清江	湖北省	宜昌市、恩施土家族苗族自治州
		宜昌至武汉左岸	湖北省	宜昌市、襄阳市、荆门市、荆州市、潜江市
		武汉至湖口左岸	河南省	信阳市
			湖北省	武汉市、荆门市、孝感市、黄冈市、随州市
		城陵矶至湖口右岸	江西省	九江市
			湖北省	武汉市、黄石市、鄂州市、咸宁市
			湖南省	岳阳市
	湖口以下干流	巢滁皖及沿江诸河	江苏省	南京市、扬州市
			安徽省	合肥市、安庆市、滁州市、巢湖市、六安市
			湖北省	黄冈市
		青弋江和水阳江及沿江诸河	江苏省	南京市、镇江市
			安徽省	芜湖市、马鞍山市、铜陵市、黄山市、池州市、宣城市
			江西省	九江市
		通南及崇明岛诸河	上海市	
			江苏省	无锡市、常州市、苏州市、南通市、扬州市、镇江市、泰州市

续表

水资源分区名称			所涉及行政区	
一级区	二级区	三级区	省级	地级
长江	太湖水系	湖西及湖区	江苏省	南京市、无锡市、常州市、苏州市、镇江市
			浙江省	杭州市、湖州市
			安徽省	宣城市
		武阳区	上海市	
			江苏省	无锡市、常州市、苏州市
		杭嘉湖区	上海市	
			江苏省	苏州市
			浙江省	杭州市、嘉兴市、湖州市
		黄浦江区	上海市	

七、东南诸河区

水资源分区名称			所涉及行政区	
一级区	二级区	三级区	省级	地级
	7	11		
东南诸河	钱塘江	富春江水库以上	浙江省	杭州市、绍兴市、金华市、衢州市、丽水市
			安徽省	黄山市、宣城市
			福建省	南平市
			江西省	上饶市
		富春江水库以下	浙江省	杭州市、宁波市、绍兴市、金华市、台州市
	浙东诸河	浙东沿海诸河（含象山港及三门湾）	浙江省	宁波市、绍兴市、台州市
		舟山群岛	浙江省	舟山市

水资源分区名称			所涉及行政区	
一级区	二级区	三级区	省　级	地　级
东南诸河	浙南诸河	瓯江温溪以上	浙江省	温州市、金华市、丽水市
		瓯江温溪以下	浙江省	温州市、绍兴市、金华市、台州市、丽水市
	闽东诸河	闽东诸河	浙江省	温州市、丽水市
			福建省	福州市、南平市、宁德市
	闽江	闽江上游（南平以上）	浙江省	丽水市
			福建省	三明市、南平市、龙岩市
		闽江中下游（南平以下）	福建省	福州市、莆田市、三明市、泉州市、南平市、宁德市
	闽南诸河	闽南诸河	福建省	福州市、厦门市、莆田市、三明市、泉州市、漳州市、龙岩市
	台澎金马诸河	台澎金马诸河	福建省	泉州市
			台湾省	

八、珠江区

水资源分区名称			所涉及行政区	
一级区	二级区	三级区	省　级	地　级
	10	22		
珠江	南北盘江	南盘江	广西壮族自治区	百色市
			贵州省	六盘水市、黔西南布依族苗族自治州
			云南省	昆明市、曲靖市、玉溪市、红河哈尼族彝族自治州、文山壮族苗族自治州

水资源分区名称			所涉及行政区	
一级区	二级区	三级区	省　级	地　级
珠江	南北盘江	北盘江	贵州省	六盘水市、安顺市、黔西南布依族苗族自治州、毕节市
			云南省	曲靖市
	红柳江	红水河	广西壮族自治区	南宁市、柳州市、贵港市、来宾市、百色市、河池市
			贵州省	贵阳市、安顺市、黔西南布依族苗族自治州、黔南布依族苗族自治州
		柳江	湖南省	邵阳市、怀化市
			广西壮族自治区	柳州市、桂林市、河池市、来宾市
			贵州省	黔东南苗族侗族自治州、黔南布依族苗族自治州
	郁江	右江	广西壮族自治区	南宁市、百色市、河池市、崇左市
			云南省	文山壮族苗族自治州
		左江及郁江干流	广西壮族自治区	南宁市、防城港市、钦州市、贵港市、玉林市、百色市、崇左市
	西江	桂贺江	湖南省	永州市
			广东省	肇庆市、清远市
			广西壮族自治区	桂林市、梧州市、贺州市、来宾市
		黔浔江及西江（梧州以下）	广东省	茂名市、肇庆市、云浮市
			广西壮族自治区	桂林市、梧州市、贵港市、玉林市、贺州市、来宾市

水资源分区名称			所涉及行政区	
一级区	二级区	三级区	省　级	地　级
珠江	北江	北江大坑口以上	江西省	赣州市
			湖南省	郴州市
			广东省	韶关市
		北江大坑口以下	广东省	广州市、韶关市、佛山市、肇庆市、河源市、清远市
			广西壮族自治区	贺州市
	东江	东江秋香江口以上	江西省	赣州市
			广东省	韶关市、梅州市、河源市
		东江秋香江口以下	广东省	深圳市、惠州市、东莞市
	珠江三角洲	东江三角洲	广东省	广州市、深圳市、惠州市、东莞市
		香港	香港特别行政区	
		西北江三角洲	广东省	广州市、珠海市、佛山市、江门市、肇庆市、阳江市、中山市、云浮市
		澳门	澳门特别行政区	
	韩江及粤东诸河	韩江白莲以上	福建省	三明市、漳州市、龙岩市
			江西省	赣州市
			广东省	梅州市、河源市
		韩江白莲以下及粤东诸河	广东省	汕头市、惠州市、梅州市、汕尾市、潮州市、揭阳市
	粤西桂南沿海诸河	粤西诸河	广东省	江门市、湛江市、茂名市、阳江市、云浮市
			广西壮族自治区	玉林市
		桂南诸河	广西壮族自治区	南宁市、北海市、防城港市、钦州市、玉林市
	海南岛及南海各岛诸河	海南岛	海南省	海口市、三亚市、海南省直辖行政单位
		南海各岛诸河	海南省	三沙市

注　珠江区包括珠江流域、华南沿海诸河区、海南岛及南海各岛诸河区。

九、西南诸河区

水资源分区名称			所涉及行政区	
一级区	二级区	三级区	省　级	地　级
	6	14		
西南诸河	红河	李仙江	云南省	玉溪市、楚雄彝族自治州、红河哈尼族彝族自治州、普洱市、大理白族自治州
		元江	云南省	昆明市、玉溪市、楚雄彝族自治州、红河哈尼族彝族自治州、文山壮族苗族自治州、大理白族自治州
		盘龙江	广西壮族自治区	百色市
			云南省	红河哈尼族彝族自治州、文山壮族苗族自治州
	澜沧江	沘江口以上	云南省	大理白族自治州、怒江傈僳族自治州、迪庆藏族自治州
			西藏自治区	昌都地区、那曲地区
			青海省	玉树藏族自治州
		沘江口以下	云南省	保山市、丽江市、普洱市、西双版纳傣族自治州、大理白族自治州、临沧市
	怒江及伊洛瓦底江	怒江勐古以上	云南省	保山市、大理白族自治州、怒江傈僳族自治州
			西藏自治区	昌都地区、那曲地区、林芝地区
		怒江勐古以下	云南省	保山市、普洱市、德宏傣族景颇族自治州、临沧市
		伊洛瓦底江	云南省	保山市、德宏傣族景颇族自治州、怒江傈僳族自治州
			西藏自治区	林芝地区

续表

水资源分区名称			所涉及行政区	
一级区	二级区	三级区	省 级	地 级
西南诸河	雅鲁藏布江	拉孜以上	西藏自治区	日喀则地区、阿里地区
		拉孜至派乡	西藏自治区	拉萨市、山南地区、日喀则地区、那曲地区、林芝地区
		派乡以下	西藏自治区	昌都地区、那曲地区、林芝地区
	藏南诸河	藏南诸河	西藏自治区	昌都地区、山南地区、日喀则地区、阿里地区、林芝地区
	藏西诸河	奇普恰普河	西藏自治区	阿里地区
			新疆维吾尔自治区	和田地区
		藏西诸河	西藏自治区	阿里地区

十、西北诸河区

水资源分区名称			所涉及行政区	
一级区	二级区	三级区	省 级	地 级
	14	33		
西北诸河	内蒙古内陆河	内蒙古高原东部	河北省	张家口市
			内蒙古自治区	赤峰市、锡林郭勒盟
		内蒙古高原西部	内蒙古自治区	呼和浩特市、包头市、乌兰察布市、巴彦淖尔市
	河西内陆河	石羊河	甘肃省	金昌市、白银市、武威市、张掖市
			青海省	海北藏族自治州
			宁夏回族自治区	吴忠市
		黑河	内蒙古自治区	阿拉善盟
			甘肃省	嘉峪关市、张掖市、酒泉市
			青海省	海北藏族自治州
		疏勒河	甘肃省	张掖市、酒泉市
			青海省	海西蒙古族藏族自治州
		河西荒漠区	内蒙古自治区	阿拉善盟

水资源分区名称			所涉及行政区	
一级区	二级区	三级区	省　级	地　级
西北诸河	青海湖水系	青海湖水系	青海省	海北藏族自治州、海南藏族自治州、海西蒙古族藏族自治州
	柴达木盆地	柴达木盆地东部	青海省	果洛藏族自治州、海西蒙古族藏族自治州
		柴达木盆地西部	青海省	玉树藏族自治州、海西蒙古族藏族自治州
			新疆维吾尔自治区	巴音郭楞蒙古自治州
	吐哈盆地小河	巴伊盆地	新疆维吾尔自治区	哈密地区
		哈密盆地	新疆维吾尔自治区	哈密地区
		吐鲁番盆地	新疆维吾尔自治区	乌鲁木齐市、吐鲁番地区、哈密地区、巴音郭楞蒙古自治州
	阿尔泰山南麓诸河	额尔齐斯河	新疆维吾尔自治区	阿勒泰地区
		乌伦古河	新疆维吾尔自治区	阿勒泰地区
		吉木乃诸小河	新疆维吾尔自治区	阿勒泰地区
	中亚西亚内陆河区	额敏河	新疆维吾尔自治区	塔城地区
		伊犁河	新疆维吾尔自治区	巴音郭楞蒙古自治州、伊犁哈萨克自治州
	古尔班通古特荒漠区	古尔班通古特荒漠区	新疆维吾尔自治区	昌吉回族自治州、塔城地区、阿勒泰地区
	天山北麓诸河	东段诸河	新疆维吾尔自治区	昌吉回族自治州
		中段诸河	新疆维吾尔自治区	乌鲁木齐市、克拉玛依市、吐鲁番地区、昌吉回族自治州、巴音郭楞蒙古自治州、塔城地区、石河子市
		艾比湖水系	新疆维吾尔自治区	克拉玛依市、博尔塔拉蒙古自治州、伊犁哈萨克自治州、塔城地区

水资源分区名称			所涉及行政区	
一级区	二级区	三级区	省 级	地 级
西北诸河	塔里木河源	和田河	新疆维吾尔自治区	阿克苏地区、和田地区
		叶尔羌河	新疆维吾尔自治区	阿克苏地区、克孜勒苏柯尔克孜自治州、喀什地区、和田地区
		喀什噶尔河	新疆维吾尔自治区	克孜勒苏柯尔克孜自治州、喀什地区
		阿克苏河	新疆维吾尔自治区	阿克苏地区、克孜勒苏柯尔克孜自治州
		渭干河	新疆维吾尔自治区	阿克苏地区、伊犁哈萨克自治州
		开孔河	新疆维吾尔自治区	巴音郭楞蒙古自治州、阿克苏地区
	昆仑山北麓小河	克里亚河诸小河	新疆维吾尔自治区	巴音郭楞蒙古自治州、和田地区
		车尔臣河诸小河	新疆维吾尔自治区	巴音郭楞蒙古自治州
	塔里木河干流	塔里木河干流	新疆维吾尔自治区	巴音郭楞蒙古自治州、阿克苏地区
	塔里木盆地荒漠区	塔克拉玛干沙漠	新疆维吾尔自治区	巴音郭楞蒙古自治州、阿克苏地区、喀什地区、和田地区
		库木塔格沙漠	新疆维吾尔自治区	吐鲁番地区、哈密地区、巴音郭楞蒙古自治州
	羌塘高原内陆区	羌塘高原区	西藏自治区	拉萨市、日喀则地区、那曲地区、阿里地区
			青海省	玉树藏族自治州、海西蒙古族藏族自治州
			新疆维吾尔自治区	巴音郭楞蒙古自治州、和田地区

注　西北诸河区包括塔里木河等西北内陆河及额尔齐斯河、伊犁河等国境内部分。

附录 D 附 图

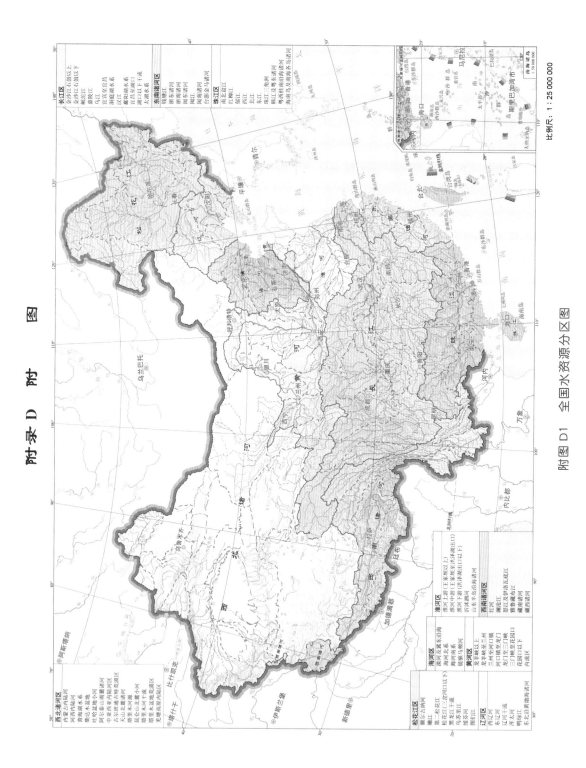

附图 D1　全国水资源分区图

比例尺: 1 : 25 000 000

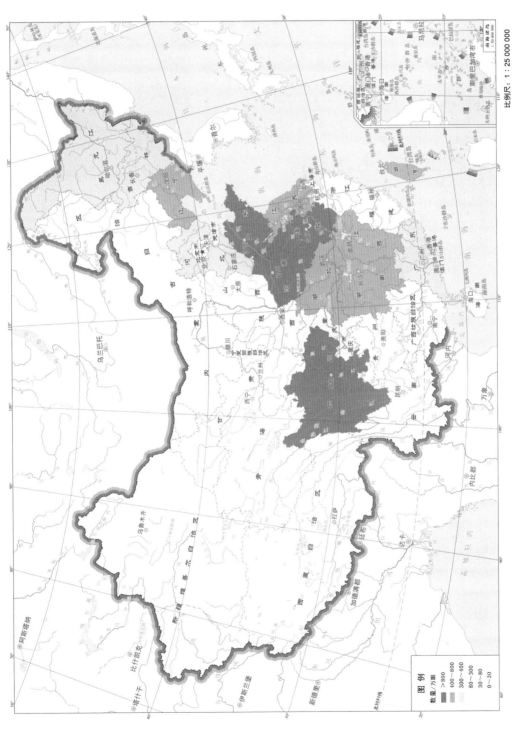

附图 D2 全国地下水取水井数量分布示意图

比例尺: 1 : 25 000 000

图例

数量/万眼
>800
400～800
300～400
80～300
30～80
0～30

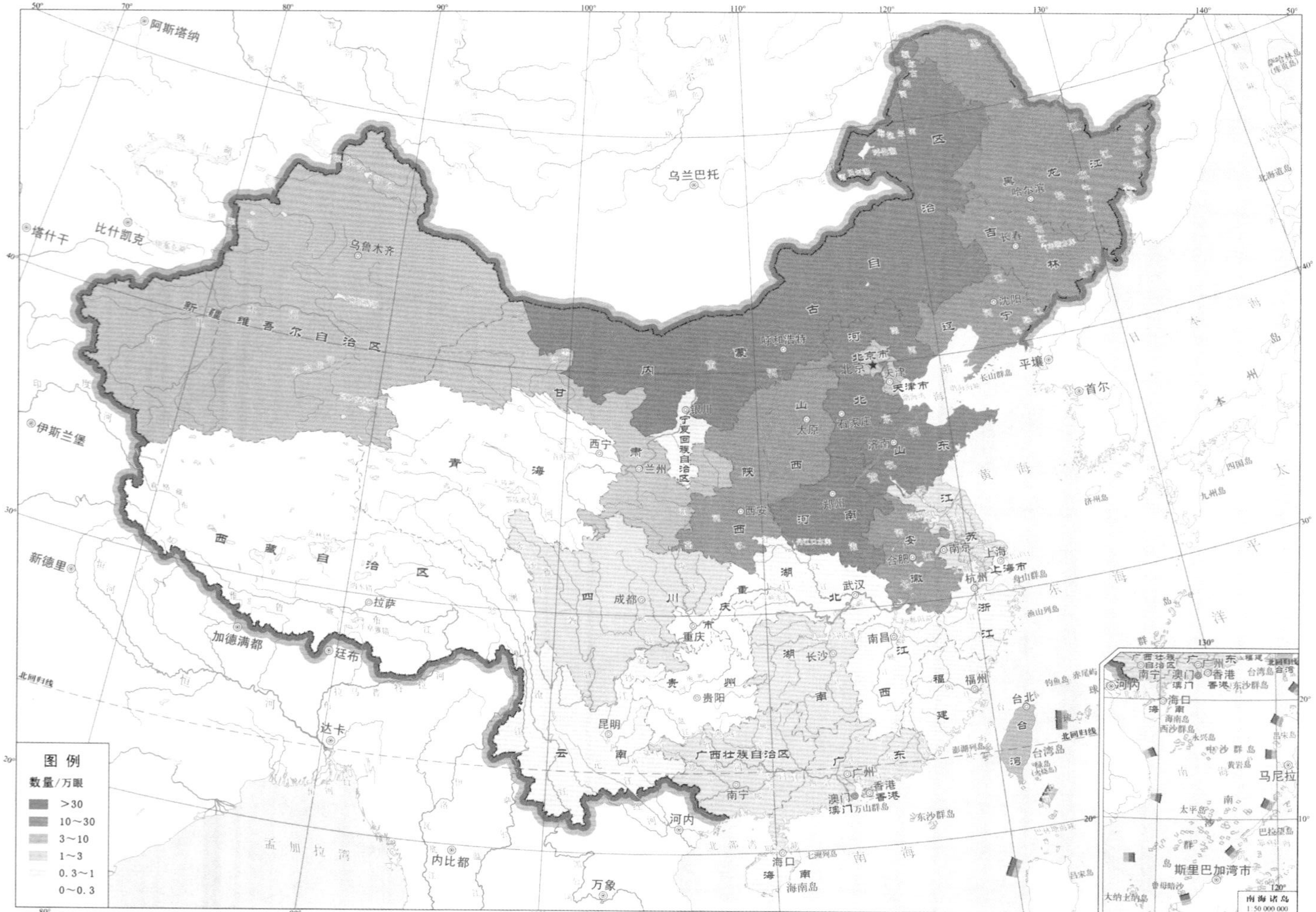

附图 D3 全国规模以上机电井数量分布示意图

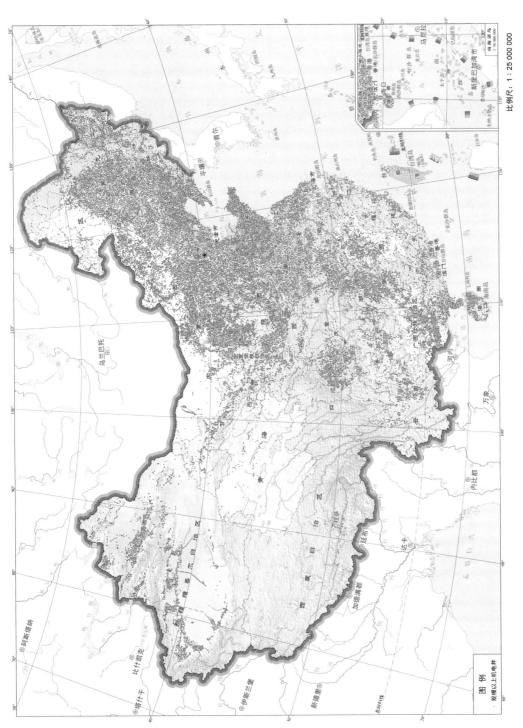

比例尺：1：25 000 000

附图 D4 全国规模以上机电井位置分布示意图

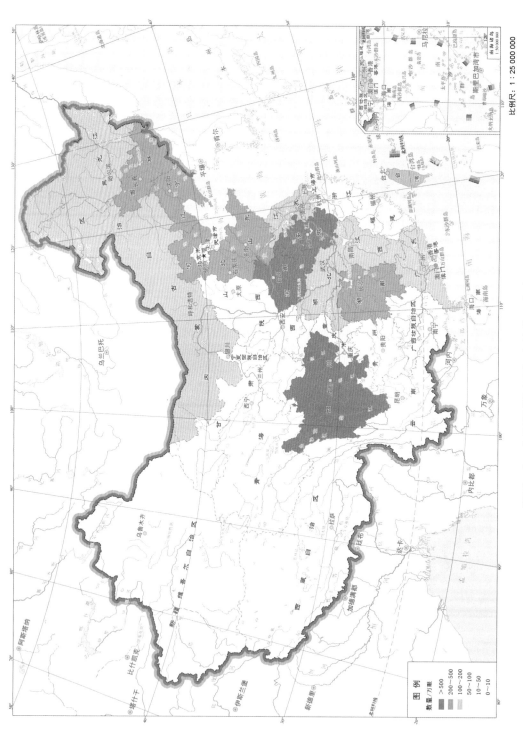

附图 D5　全国规模以下机电井数量分布示意图

比例尺：1：25 000 000

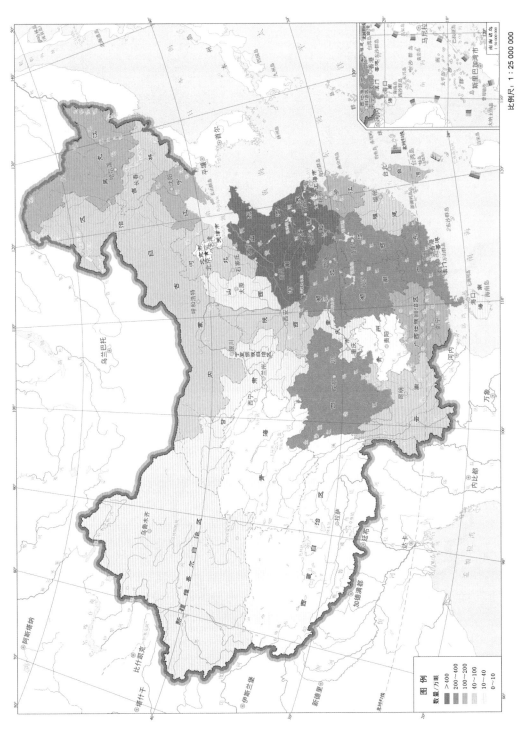

附图 D6 全国人力井数量分布示意图

比例尺: 1:25 000 000

图例

数量/万眼
>400
200~400
100~200
40~100
10~40
0~10

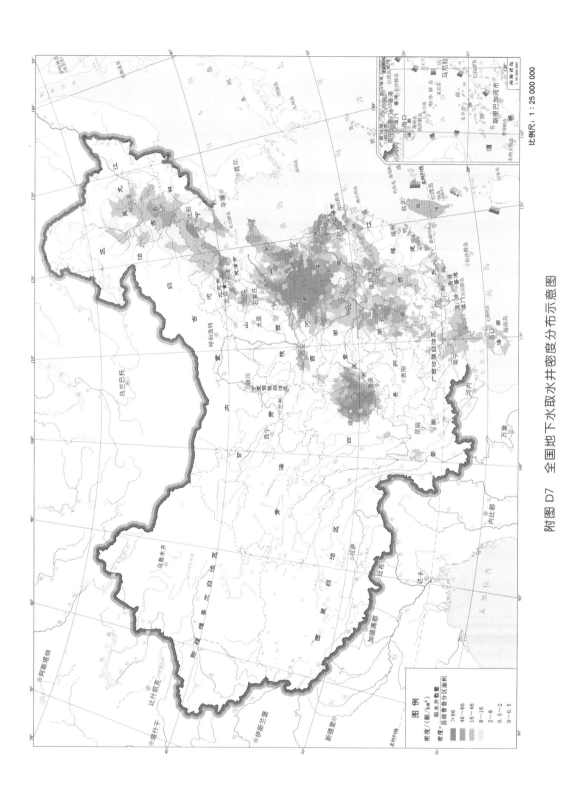

附图 D7 全国地下水取水井密度分布示意图

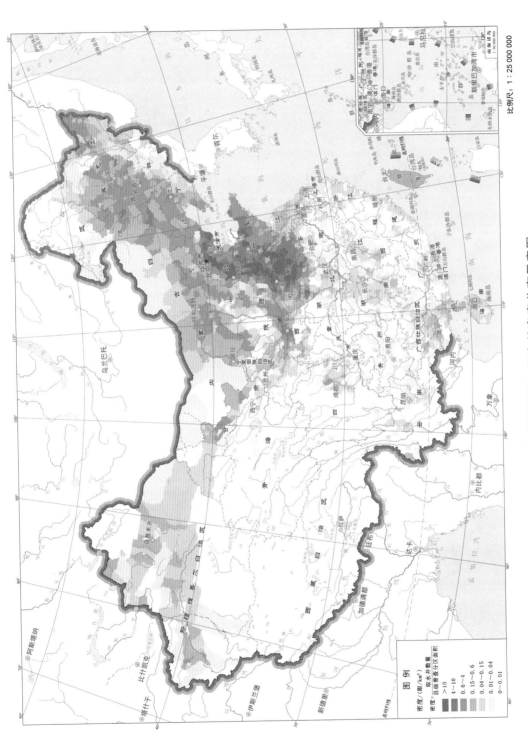

附图 D8 全国规模以上机电井密度分布示意图

比例尺：1 : 25 000 000

图例

密度/（眼/km²）
取水井数量

>10
4～10
0.6～4
0.15～0.6
0.04～0.15
0.01～0.04
0～0.01

密度=县级套查分区面积

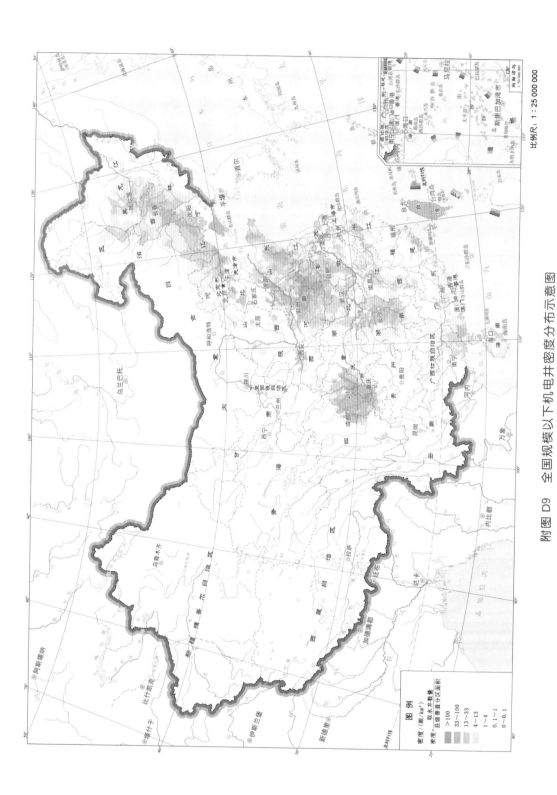

附图 D9 全国规模以下机电井密度分布示意图

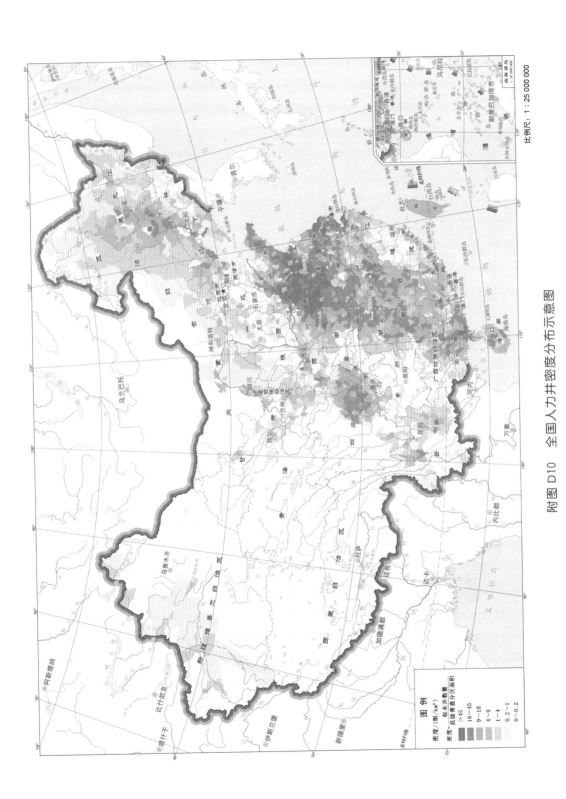

附图 D10 全国人力井密度分布示意图

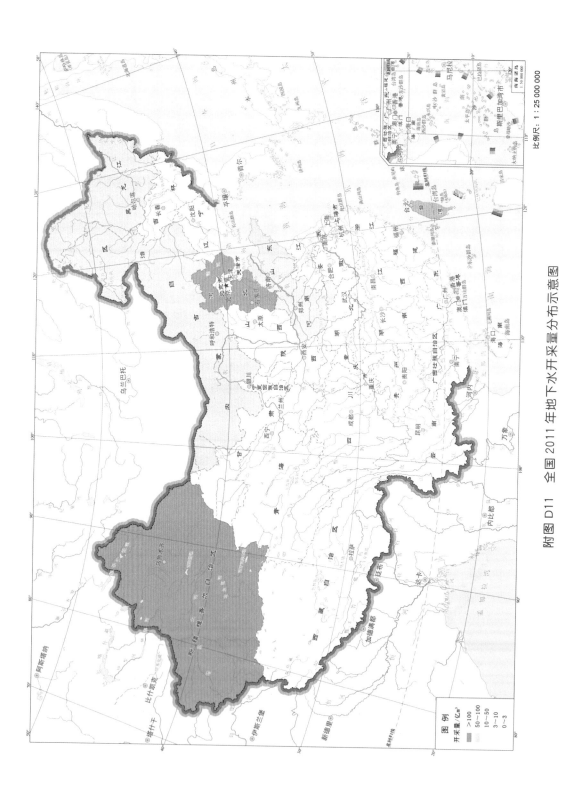

图例
开采量/亿 m³
■ >100
□ 50～100
□ 10～50
□ 3～10
□ 0～3

比例尺：1∶25 000 000

附图 D11　全国 2011 年地下水开采量分布示意图

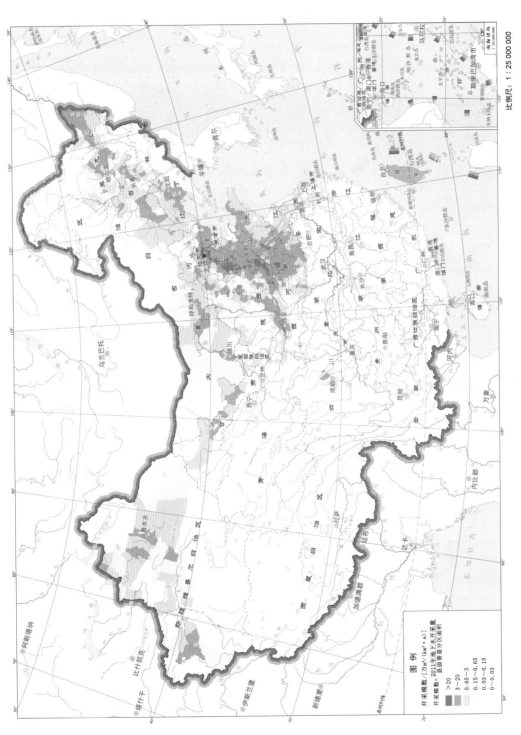

附图 D12　全国 2011 年地下水开采模数分布示意图

比例尺: 1∶25 000 000

图　例

开采模数/[万 m^3/($km^2 \cdot a$)]

开采模数=2011年地下水开采量
　　　　　县级套管分区面积

- \>20
- 3～20
- 0.65～3
- 0.15～0.65
- 0.03～0.15
- 0～0.03

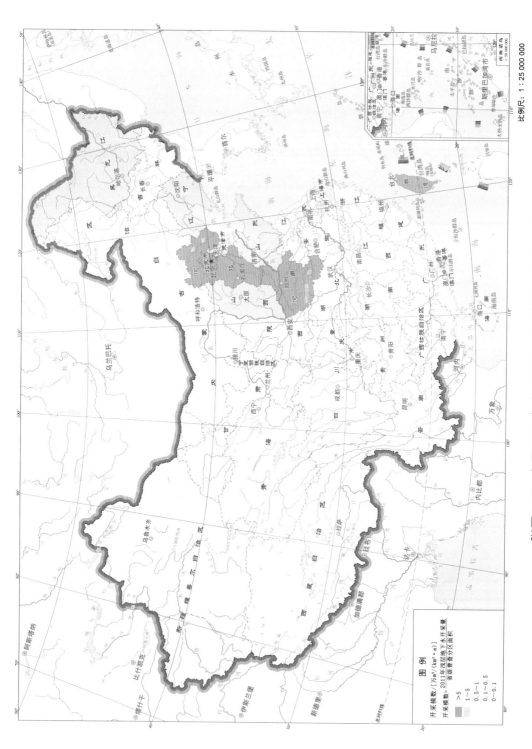

附图 D13 全国 2011 年浅层地下水开采模数分布示意图

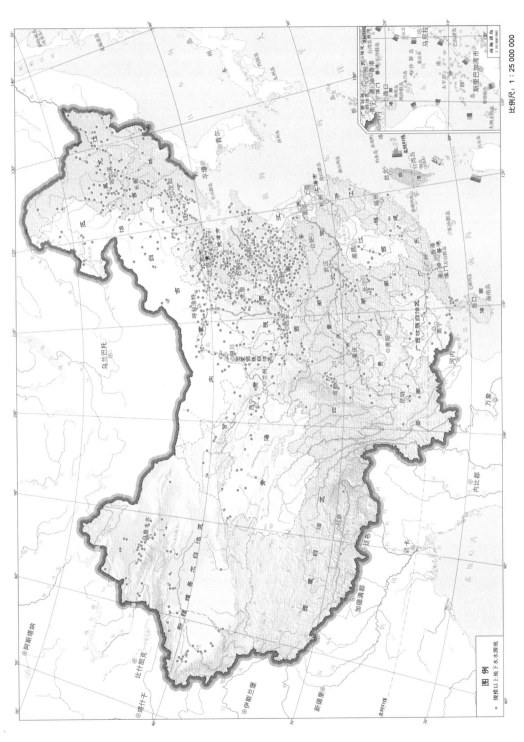

附图 D14 全国规模以上地下水水源地位置分布示意图